Steffen Kaina

Einsatz von 3D Drahtstrukturen im Leichtmetallguss

TUDpress

Steffen Kaina

Einsatz von 3D Drahtstrukturen im Leichtmetallguss

TUD*press*
2016

Die vorliegende Arbeit wurde am 16. Juli 2015 an der Fakultät für Maschinenwesen der Technischen Universität Dresden als Dissertation eingereicht und am 27. Januar 2016 verteidigt.

Gutachter:
Prof. Dr.-Ing. Bernd Kieback
Prof. Dr.-Ing. Gotthard Wolf

Bibliografische Information der Deutschen Nationalbibliothek
Die Deutsche Nationalbibliothek verzeichnet diese Publikation in der Deutschen Nationalbibliografie; detaillierte bibliografische Daten sind im Internet über http://dnb.d-nb.de abrufbar.

Bibliographic information published by the Deutsche Nationalbibliothek
The Deutsche Nationalbibliothek lists this publication in the Deutsche Nationalbibliografie; detailed bibliographic data are available in the Internet at http://dnb.d-nb.de.

ISBN 978-3-95908-041-5

Eckhard Richter & Co. OHG
Bergstr. 70 | D-01069 Dresden
Tel.: 0351/47 96 97 20 | Fax: 0351/47 96 08 19
http://www.tudpress.de

TUDpress ist ein Imprint von w. e. b.

Gesetzt vom Autor.
Umschlagbild: Schematische Darstellung einer 3D Drahtstruktur verstärkten Gussmatrix. © Fraunhofer IFAM Dresden
Printed in Germany.

TECHNISCHE UNIVERSITÄT DRESDEN

Fakultät für Maschinenwesen
Institut für Werkstoffwissenschaft

Dissertation

Einsatz von 3D Drahtstrukturen im Leichtmetallguss

Vorgelegt von:	Steffen Kaina		
Jahr:	2015		
geboren am:	23. Februar 1983	in:	Hoyerswerda
Tag der Einreichung:	16. Juli 2015		
Tag der Verteidigung:	27. Januar 2016		

zum
Erlangen des akademischen Grades

"Doktoringenieur"
(Dr.-Ing.)

Betreuer: Prof. Dr.-Ing. Bernd Kieback

Gutachter: Prof. Dr.-Ing. Gotthard Wolf

Danksagung

Diese Arbeit entstand innerhalb meiner Tätigkeit als wissenschaftlicher Mitarbeiter an der TU Dresden im Rahmen des ECEMP („European Centre for Emerging Materials and Processes") Spitzentechnologieclusters, aus dem Projekt B2 (SAB 100117440) - „Verbundwerkstoffe für den Hybrid-Leichtbau auf Basis gewebter metallischer Halbzeuge", mit Unterstützung des Fraunhofer-Instituts für Angewandte Materialforschung und Fertigungstechnik am Institutsteil Dresden. Es sei an dieser Stelle angemerkt, dass diese Arbeit natürlich das Resultat des Zusammenwirkens und der Unterstützung vieler Personen ist, welche über die Jahre durch Ihr Zutun und Gespräche auf ganz verschiedenen Wegen an der Realisierung dieses Werkes beteiligt waren. Auch denen, welche hier nicht persönlich genannt werden, möchte ich auf diesem Wege einen Dank aussprechen.

Namentlich möchte ich mich bei meinem Doktorvater Herrn Prof. Dr.-Ing. Bernd Kieback für die Betreuung meiner Arbeit und das mir entgegengebrachte Vertrauen als Mitarbeiter, auch in vielfach schwierigen Abschnitten dieser Arbeit sowie für die zielführenden Gespräche und Anregungen über die vielen Jahre hinweg, bedanken. Herrn Prof. Dr.-Ing. Gotthard Wolf danke ich für die anregenden Diskussionen und Ratschläge sowie die Bereitschaft zum 2. Gutachten. Ich bedanke mich weiterhin bei Herrn Dr. Günter Stephani und Dr. Olaf Andersen für die langjährige wissenschaftliche Zusammenarbeit und Unterstützung in allen fachlichen und organisatorischen Belangen, welche auch weit über die kollegialen Verantwortungen hinausgingen.

Ebenso möchte ich mich bei allen Laboranten und Kollegen bedanken die mir während meiner Tätigkeit am Institut sehr hilfreich zur Seite standen. Hier seien vor allem Frau Richter und Frau Himmelreich genannt, welche in der Metallographie großartige Arbeit geleistet haben. Für die vielen Versuche, ohne die wertvolle Erkenntnisse nicht möglich gewesen wären, bedanke ich mich bei Herrn Preiss und Herrn Wittig für ihr Engagement. Den Mitarbeitern der Firmen Magnetech GmbH und KIESELSTEIN International GmbH danke ich für die gute Zusammenarbeit innerhalb der Projektzeit und die konstruktiven Gespräche. Mein besonderer Dank geht hierbei an Frau Dr. Kieselstein, Herrn Walter sowie an Herrn Bascha. Ebenso möchte ich mich bei der gesamten Arbeitsgruppe Gießereitechnologie des IFAMs in Bremen für die Unterstützung in der Durchführung der Gießversuche für diese Arbeit sowie die daraus entstandene enge Zusammenarbeit bedanken.

Meinen Kollegen Herrn Menzel, Frau Jurisch, Herrn Riecker sowie Herrn Dr. Synowzik möchte ich hier mehr als einen Dank aussprechen, da Sie immer ein offenes Ohr für meine fachlichen aber auch persönlichen Fragen und Zweifel in dieser Zeit hatten und sich darüber hinaus in den letzten Jahren eine persönliche Freundschaft entwickeln konnte.

Abschließend möchte ich meiner Frau Bianca einen ganz besonderen Dank aussprechen, da Sie mir mit viel Kraft und Zuspruch in dieser Zeit beiseite stand.

Inhaltsverzeichnis

Formelzeichen und Abkürzungen

Symbole	Einheiten	Bezeichnungen
γ_{LA}	kg/s^2	Oberflächenenergie der flüssigen Phase
γ_{SA}	kg/s^2	Oberflächenenergie der festen Phase
γ_{LS}	kg/s^2	Grenzflächenenergie zwischen der flüssigen und festen Phase
θ	$^\circ$	Kontaktwinkel
D	m^2/s	Diffusionskoeffizient
D_{o}	m^2/s	temperaturunabhängiger Vorfaktor
t	s	Zeit
k	J/mol*K	universelle Gaskonstante
T	K	Temperatur
$\dot{\mathrm{Q}}$	J/s	Wärmestrom
σ_{c}	MPa	Festigkeit des Verbundwerkstoffes
Φ_{F}	%	Faservolumen
σ_{F}	MPa	Faserbruchfestigkeit
σ_{M}	MPa	Matrixstreckgrenze
$\Phi_{\mathrm{F,C}}$	%	kritischer Fasergehalt
σ_{VM}	MPa	Verbundwerkstofffestigkeit
r_F	$^\circ$	Faserradius
τ_{FM}	MPa	Scherspannung an der Grenzfläche Faser/Matrix
l_{c}	mm	kritische Faserlänge
$\sigma_{\mathrm{F,eff}}$	MPa	effektive wirksame Faserfestigkeit
l_{m}	mm	mittlere Faserlänge
η	%	Faserwirkungsgrad
d_{F}	mm	Faserdurchmesser

$\triangle\sigma_{\alpha}$	Pa	Fließspannungsbeitrag aufgrund geometrisch notwendiger Versetzungen und innerer Spannungen
α		Konstante (Wert zwischen 0,5-1)
G	GPa	Schermodul
b		Burgersvektor
ρ	m^{-2}	Versetzungsdichte
$\triangle T$	K	Temperaturdifferenz
$\triangle C$	K^{-1}	Unterschied im thermischen Ausdehnungskoeffizient zwischen Matrix und Partikel
ϕ_{P}	%	Partikelvolumengehalt
d	mm	Partikelgröße
$\triangle\sigma_{KG}$	GPa	Fließspannungsbeitrag durch Veränderung der Korngröße (analog Hall-Petch)
k_{Y1}	$MNm^{-3/2}$	Konstante (typischer Wert: 0,1 $MNm^{-3/2}$)
D_{KG}		resultierende Kenngröße zur Berechnung des Korngrößeneinflusses
$\triangle\sigma_{SKG}$	Pa	Fließspannungsbeitrag durch Veränderung der Subkorngröße (z.B. Erhohlungsvorgänge)
k_{Y2}		Konstante (typischer Wert: 0,05 $MNm^{-3/2}$)
D_{S}	mm	resultierende Subkorngröße
$\triangle\sigma_{KF}$	Pa	Verfestigungsbeitrag
K		Konstante
ε	%	Dehnung
E_{C}	GPa	E-Modul des Verbundwerkstoffes
E_{P}	GPa	E-Modul der Partikel oder Fasern
E_{M}	GPa	E-Modul der Matrix
E_{F}	GPa	E-Modul der Faser

Φ_P	%	Volumengehalt der Verstärkungsphase (Partikel oder Faser)
Φ_M	%	Volumengehalt der Matrix
$\alpha_{3\mathrm{C}}$	c	axialer thermischer Ausdehnungskoeffizient
α_F	K^{-1}	thermischer Ausdehnungskoeffizient der Faser
α_M	K^{-1}	thermischer Ausdehnungskoeffizient der Matrix
α_{1C}	K^{-1}	transversaler thermischer Ausdehnungskoeffizient
ν_F		Querkontraktionszahl der Faser
ν_M		Querkontraktionszahl der Matrix
k_a	mm	äußerer Knotenabstand
k_m	mm	mittlerer Knotenabstand
k_i	mm	innerer Knotenabstand
p	mm	Steigung der Drahtspiralen
d_a	mm	Maschenweite (Diagonale der Zellgrundfläche)
d	mm	Drahtdurchmesser
r_m	mm	mittlerer Radius
α_x	°	Winkelsegment
ν_x		Verhältnis zum Vollkreis
l_s	mm	gestreckte Länge einer Spiralwindung
l_km	mm	gestreckte Länge eines Drahtbogenstücks zwischen zwei Knoten (strucwire)
G_C	J	Gesamtbrucharbeit
G_p	J	Anteil der Brucharbeit durch plastische Drahtverformung
G_d	J	Anteil der Brucharbeit durch Grenzflächendelamination
F	%	Faseranteil pro Bruchfläche
W_Faser	J/m	Brucharbeit des Drahtmaterials/Drahtlänge

τ_{AZ91}	MPa	Matrixscherfestigkeit
R_{m}	MPa	Zugfestigkeit
$R_{\mathrm{p0,2}}$	MPa	Streckgrenze
m-%	%	Masseprozent
V-%	%	Volumenprozent
H_{IT}	GPa	Eindringhärte
E_{IT}	GPa	Elastischer Eindringmodul

Abkürzungen	Bezeichnungen
LM	Lichtmikroskop
REM	Rasterelektronenmikroskop
SE-REM	Sekundärelektronen-Rastermikroskopie
BSE-REM	Rückstreuelektronen-Rastermikroskopie

1 Motivation

In unserer Gesellschaft wird das Bestreben nach ressourcenschonenden und energieeffizienten technischen Entwicklungen immer stärker durch Politik und Forschung vorangetrieben. Die technische Umsetzung lässt sich an Beispielen, wie der Automobilindustrie veranschaulichen, welche stetig an immer neuen Leichtbaukonzepten arbeitet, um Kraftstoffverbrauch und Dynamik neuer Fahrzeuggenerationen zu verbessern. Neben innovativen Verfahrenskonzepten werden dafür vor allem neue Werkstoffe benötigt. Die Anforderungen an diese Werkstoffe werden immer komplexer und können vielfach nicht mehr von einem Werkstoff allein erfüllt werden. Um diesen gerecht werden zu können liegt die Lösung oft in einem Multimaterial-Design und dem kombinierten Einsatz verschiedener Werkstoffe.

Gussverfahren können hierfür sinnvolle Lösungen schaffen, da sie verfahrensbedingt die Möglichkeit zur Verbundwerkstoffherstellung durch den Einguss von Formkörpern liefern. Die Gusstechnologie bietet ebenso den Vorteil einer hohen Reproduzierbarkeit, bei vergleichsweise niedrigen Kosten und ist damit auch wirtschaftlich sehr attraktiv. Neben strukturellen Anforderungen an die Stabilität bietet der Verbundguss ebenso die Möglichkeit zur Integration funktioneller Eigenschaften, wie Schwingungsdämpfung oder Sensorik. Die gewünschte Substitution konventioneller Aluminiumstrukturen durch die Verwendung von Magnesiumlegierungen geringerer Dichte kann deshalb vielfach nur durch Schaffung zusätzlicher Funktionalitäten bzw. Eigenschaftsmodifikationen erfolgen.

Innerhalb der vorliegenden Arbeit wurde der Verbundguss einer Materialkombination aus einer offenzellige Metallstruktur in Form von Stahldrahtstrukturen und der Magnesiumdruckgusslegierung AZ91 untersucht. Die Zielstellung bestand in der stofflichen Anbindung der Verbundpartner, um damit die Grundlage für Verbundgussteile mit lokal erhöhter Bruchzähigkeit und integrierter Armierung für sicherheitsrelevante Bauteile zu schaffen. Thematische Schwerpunkte stellen neben den umfangreichen Grundlagenuntersuchungen zur Grenzflächenreaktion, die mechanische Charakterisierung und die technische Umsetzbarkeit dar. Die für die Anbindung notwendigen metallischen Beschichtungen der Einlegeteile wurden vorrangig galvanisch bzw. chemisch aufgebracht, um den Materialverbund gleichzeitig durch den Gussvorgang zu realisieren. Hierbei konnten ablaufende Grenzflächenreaktionen an der Verbundzone in Abhängigkeit von den Prozessparametern untersucht und stofflich analysiert werden. Die erlangten Erkenntnisse wurden auf die Einlegestrukturen übertragen. Die durch unterschiedliche Gussverfahren hergestellten Verbundgussproben wurden durch Schlagversuche charakterisiert und gegenübergestellt. Als Ergebnis dieser Arbeit konnten Verbundgussstrukturen mit erhöhter Energieabsorption hergestellt und der Einfluss von Gussparametern, Gießverfahren und Grenzflächenreaktion auf das Materialverhalten erarbeitet werden. Die geschaffenen Erkenntnisse können somit weiteren Arbeiten auf dem Gebiet des Verbundgusses als Wissenbasis dienen.

2 Grundlagen - Stand der Technik

2.1 Magnesium

Magnesium ist neben Aluminium das bekannteste Leichtmetall und mit einer Dichte von 1,74 g/cm^3 etwa ein Drittel leichter als Aluminium. Es stellt damit den leichtesten metallischen Konstruktionswerkstoff dar. Das Metall wurde 1808 von dem Engländer Sir Henry Davy entdeckt.

Der Werkstoff erlebte in den 30er Jahren eine Hochzeit und fand z.B. für den Bau des VW Käfers Verwendung, für dessen Motorblock und Getriebegehäuse schon damals ca. 21 kg des Leichtmetalls in Großserie eingesetzt wurden. Nach dieser Zeit geriet der Werkstoff immer weiter in Vergessenheit und erweckte erst in den 1990er Jahren wieder das Interesse als leichter Konstruktionswerkstoff, bedingt durch z.B. verschärfte Umweltgesetzgebungen [46, 18].

Der übliche Rechenwert für den Elastizitätsmodul von Magnesium liegt bei 45 GPa, sein Schermodul bei 17 GPa. Der Ausdehnungskoeffizient liegt mit 25×10^{-6} K^{-1} bei 25 °C auf einem Niveau von Aluminium und ist damit etwa doppelt so hoch wie der von Eisenlegierungen [46]. Die mechanischen Eigenschaften von Reinmagnesium sind für konstruktive Anwendungen meist ungenügend und deshalb nur seine Legierungen von Interesse. Die Zugfestigkeit von Reinmagnesium beträgt im Gusszustand (Sandguss) ca. 100 MPa, seine Brinellhärte 37-38 HBW.

Eine Festigkeitssteigerung auf 200 MPa lässt sich durch Strangpressen realisieren. Über Legierungszusätze, wie z.B. Aluminium oder Zink können die mechanischen Festigkeiten deutlich gesteigert werden [46, 18, 67, 28]. Neben vielen Vorteilen sind es z.B. die unzureichenden mechanischen Eigenschaften (Elastizitätsmodul, Festigkeiten) sowie eine mangelnde Korrosionsbeständigkeit, welche bis heute die breite Anwendung von Magnesiumlegierungen einschränken [71].

2.1.1 Mg-Druckgusslegierung AZ91

Magnesiumlegierungen lassen sich im Kalt- oder Warmkammerdruckgussverfahren verarbeiten und bieten gute Gestaltungsfreiheiten bis hin zur endkonturnahen Fertigung. Im Vergleich zu Aluminiumlegierungen weisen Magnesiumlegierungen zwar ein geringeres Festigkeitsniveau auf, welches jedoch durch konstruktive Gestaltungsmöglichkeiten bei gleicher Beanspruchung in vielen Fällen wieder ausgeglichen werden kann. Des Weiteren lassen sich Teile aus Magnesium im Druckguss mit deutlich geringeren Wandstärken herstellen. Beim Einsatz der Warmkammertechnologie, speziell für kleinere Bauteile, entsteht außerdem ein Kostenvorteil durch geringere Taktzeiten sowie höhere Formstandzeiten [46].

Eine sehr etablierte Druckgusslegierung mit einer guten Eigenschaftskombination aus hoher Festigkeit bei Raumtemperatur, Gießbarkeit und ausgezeichnetem Korrosionswiderstand

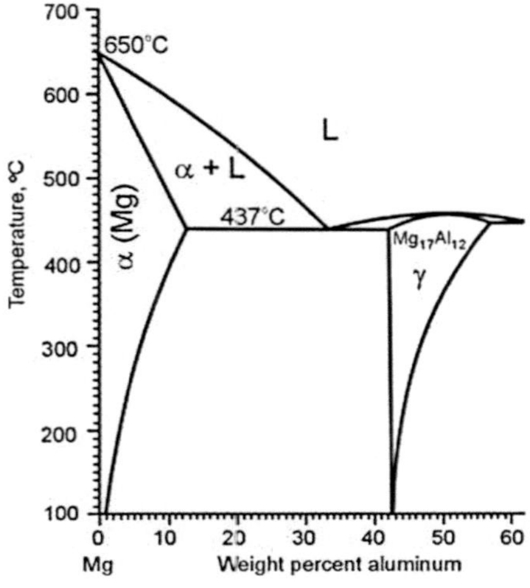

Abb. 2.1: Ausschnitt aus dem Mg-Al Phasendiagramm (ASM Handbook Committee, 1986 [24])

bietet die Magnesiumlegierung AZ91. Die Legierung enthält als Hauptlegierungszusätze 9 m-% Aluminium, 1 m-% Zink und etwa 0,4 m-% Mangan. Hierbei wirkt Aluminium festigkeitssteigernd durch Mischkristallbildung und die Ausbildung der intermetallischen Phase $Mg_{17}Al_{12}$. Außerdem verbessert Aluminium die Gießbarkeit durch Bildung eines Eutektikums bei 437 °C (siehe Abbildung 2.1).

Gleichermaßen bewirkt die Zugabe von Zink eine Verbesserung der Gießbarkeit und steigert die Festigkeit durch Mischkristallbildung und Feinkörnung. Durch die höhere Erstarrungsgeschwindigkeit beim Druckgussprozess kommt es bei der Legierung im Vergleich zu anderen Gießverfahren, wie dem Sand- oder Kokillenguss, zu deutlich höheren Festigkeitswerten bedingt durch ein übersättigtes Gefüge, welches aus sehr feinkörnigem α-Mg und intergranularen β-$Mg_{17}Al_{12}$ Teilchen besteht (siehe Abbildung 2.2). Die Zugfestigkeit R_m dieser Legierung liegt etwa bei 240 MPa, die Streckgrenze $R_{p0,2}$ bei ca. 160 MPa. Die mögliche Dehnung bis zum Materialbruch wird durch Porosität und Gefügeausbildung stark beeinflusst und liegt dabei zwischen 1 % und 6 % [46, 24].

2.2 Metall Matrix Composites (MMC)

Verbundwerkstoffe mit metallischer Matrix wurden in den letzten Jahrzehnten für vielfältige Anwendungsbereiche verstärkt entwickelt. Diese Werkstoffklasse bietet die Möglichkeit, gezielt gewünschte Eigenschaftskombinationen einstellen zu können. Hierbei handelt es sich meist um Verbundwerkstoffe mit einer Leichtmetallmatrix. Die Verbundwerkstoffeigenschaften resultieren aus dem Zusammenspiel der Eigenschaften der Einzelkomponenten

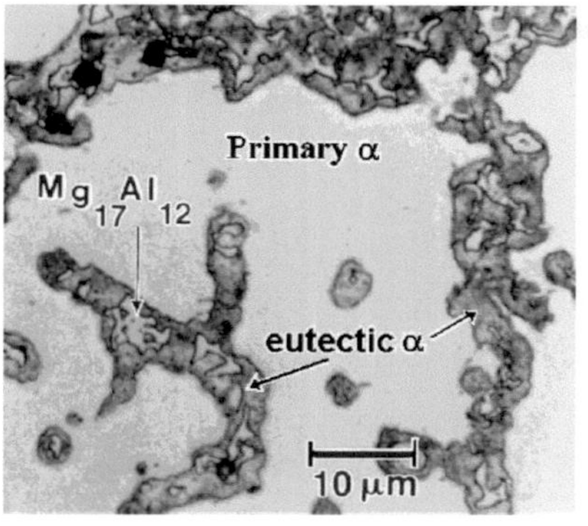

Abb. 2.2: Gefüge einer AZ91 Legierung mit typischer α- und γ- Phase ($Mg_{17}Al_{12}$) [85]

und werden ganz besonders vom Werkstoffgefüge sowie den inneren Grenzflächen zwischen den Verbundpartnern bestimmt.

Metallmatrix Verbundwerkstoffe (MMC) sind aus mindestens zwei unterschiedlichen Phasen aufgebaut, einer metallischen Matrix sowie einer oder mehrerer makroskopischer Verstärkungsphasen, die miteinander in Verbindung gebracht werden müssen. Diese Werkstoffgruppe kann aber nur dann einen kommerziellen Vorteil im Bereich des Leichtbaus erzielen, wenn ein vertretbares Verhältnis zwischen Herstellungskosten und erzieltem Eigenschaftszuwachs realisiert wird. Neue Herstellungsverfahren können dabei einen wichtigen Beitrag leisten. Eines der wohl wichtigsten Kriterien für die wirtschaftliche Positionierung von MMCs ist die Herstellung möglichst endkonturnaher Komponenten, der meist schwer zu bearbeitenden Verbundwerkstoffe. Ebenso ist die Wiederverwertung ein wichtiges Kriterium für einen erfolgreichen Einsatz. Neben der technischen Umsetzung steht einer breiten Einführung von MMCs die z.T. nicht ausreichende Prozesssicherheit und Zuverlässigkeit sowie eine meist schlechte Wirtschaftlichkeit den verbesserten Eigenschaften der Materialien in vielen Fällen immer noch entgegen [45, 19].

2.2.1 Verstärkungsphase

Die Verstärkungsphase kann die Eigenschaften des Verbundwerkstoffes maßgeblich verändern. Nachfolgend sind dazu einige Beispiele genannt:

- Steigerung der Streckgrenze und Zugfestigkeit; im Vergleich zur reinen Metallmatrix (bei RT und erhöhten Temperaturen),
- Erhöhung der Steifigkeit (E-Modul),
- Erhöhung der Zähigkeit und Kriechbeständigkeit (bei verschiedenen Temperaturen),
- Steigerung der Dauerschwingfestigkeit (besonders bei erhöhten Temperaturen),
- Verbesserung der Verschleiß- und Temperaturwechselbeständigkeit,
- Reduzierung der thermischen Ausdehnung.

Die zur Erzielung einer Verstärkungswirkung einsetzbaren Verstärkungsvariationen sind in Abbildung 2.3 schematisch dargestellt. Hierbei wird zwischen drei Verstärkungsmechanismen unterschieden. Der sogenannten Langfaser- oder Monofilamentverstärkung, der Kurzfaserverstärkung und der Dispersions- bzw. Partikelverstärkung [45].

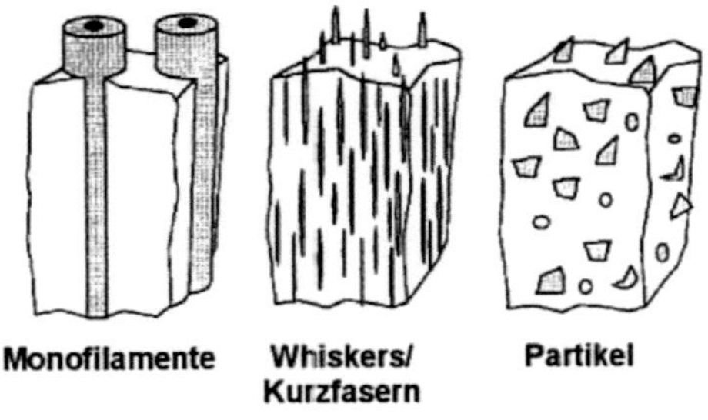

Abb. 2.3: Schematische Darstellung der drei Verstärkungsmechanismen von MMCs [45]

Verstärkungsmaterialien müssen gegenüber der zu verstärkenden Metallmatrix einige Anforderungen erfüllen:

- chemische Verträglichkeit,
- mechanische Verträglichkeit (geringerer thermischer Ausdehnungskoeffizient gegenüber der Matrix),
- thermische Stabilität (bei zyklischer thermischer Belastung),
- hohe massenspezifische Steifigkeit,
- gute Verarbeitbarkeit,
- Wirtschaftlichkeit.

Da diese Anforderungen sehr gut von nichtmetallisch anorganischen Materialien erfüllt werden, sind diese auch die am häufigsten eingesetzten Verstärkungswerkstoffe in MMCs.

Als Beispiele können keramische Partikel und Fasern, aber auch Kohlenstofffasern genannt werden. Dabei hat die Matrix die Aufgabe, die meist spröden Fasern/Verstärkungen zu fixieren, deren Oberflächen vor Beschädigungen zu schützen und für eine gute Krafteinleitung zu sorgen [44, 45].

2.2.2 Theorie der Verstärkungsmechanismen in Verbundwerkstoffen

Zur Abschätzung der Gesamtfestigkeit oder Struktursteifigkeit eines Verbundwerkstoffes sind einige Modelle bekannt. Im Folgenden sollen die wichtigsten Modelle vorgestellt werden. Dabei wird immer vom Idealfall ausgegangen, d.h. keine Faserkontakte, eine optimale Grenzflächenausbildung zwischen Matrix und Verstärkungsphase, eine ideale Verteilung und Ausrichtung der Fasern innerhalb der Matrix sowie eine Belastung in Faserrichtung.

2.2.2.1 Langfaserverstärkung

Liegt die Verstärkungsphase über die gesamte Bauteillänge als „Endlosfaser" vor, spricht man von einer Langfaserverstärkung. Die Berechnung der Festigkeit eines ideal langfaserverstärkten Verbundwerkstoffes erfolgt mittels der linearen Mischungsregel (Gleichung 2.1).

$$\sigma_c = \Phi_F \times \sigma_F + (1 - \Phi_F) \times \sigma_M \tag{2.1}$$

Der kritische Fasergehalt $\Phi_{F,C}$ (Gleichung 2.2) gibt hierbei den Faseranteil an, der mindestens notwendig ist, um eine Verstärkungswirkung zu erzielen. Er ergibt sich aus der Verbundfestigkeit σ_{VM} , welche die Grenze der Verstärkung $\sigma_{VM} > \sigma_M$ angibt.

$$\Phi_{F,C} = \frac{\sigma_{VM} - \sigma_M}{\sigma_F - \sigma_M} \tag{2.2}$$

Abbildung 2.4 zeigt hierzu ein Schema der Zugfestigkeit über dem Fasergehalt eines unidirektional verstärkten Verbundwerkstoffes mit duktiler Matrix und hochfesten Fasern.

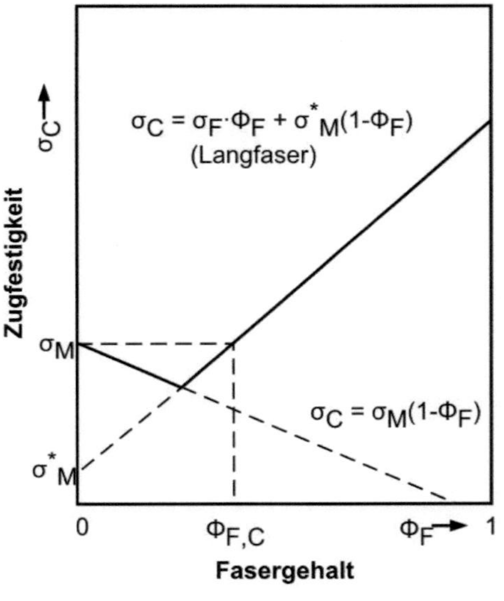

Abb. 2.4: Schema der Zugfestigkeit über dem Fasergehalt eines unidirektional verstärkten Verbundwerkstoffes mit duktiler Matrix und hochfesten Fasern [68]

Bei einem Fasergehalt oberhalb von $\Phi_{F,C}$ wird das Verbundverhalten maßgeblich von der Faser bestimmt. Im Folgenden soll an verschiedenen Fällen schematisch das Versagensverhalten von Verbundwerkstoffen aufgezeigt werden. Abbildung 2.5 zeigt für einen

Überbelastungsfall das spröde Bruchverhalten eines Verbundwerkstoffes mit spröder Matrix und einer Verstärkungsphase mit erhöhter Bruchdehnung bei kritischem Faservolumengehalt. Oberhalb des kritischen Fasergehalts wird das Bruchverhalten deutlich von den Fasereigenschaften dominiert und ein multipler Bruchmechanismus überwiegt. Das Bruchverhalten eines Verbundwerkstoffes mit einer duktilen Matrix sowie Verstärkungsphase ist schematisch in Abbildung 2.6 dargestellt.

Das Versagensverhalten kann hierbei in drei Abschnitte unterteilt werden. Zone I kennzeichnet den elastischen Bereich der Dehnung mit einer Festigkeit entsprechend der Mischungsregel. Innerhalb der Zone II erfährt die Matrix eine Verfestigung, wobei die Faser noch elastisch gedehnt wird. Der Bruch erfolgt in Zone III mit Erreichen der Faserfestigkeit, bei weiterer Verfestigung von Matrix und Faser [45, 81, 44].

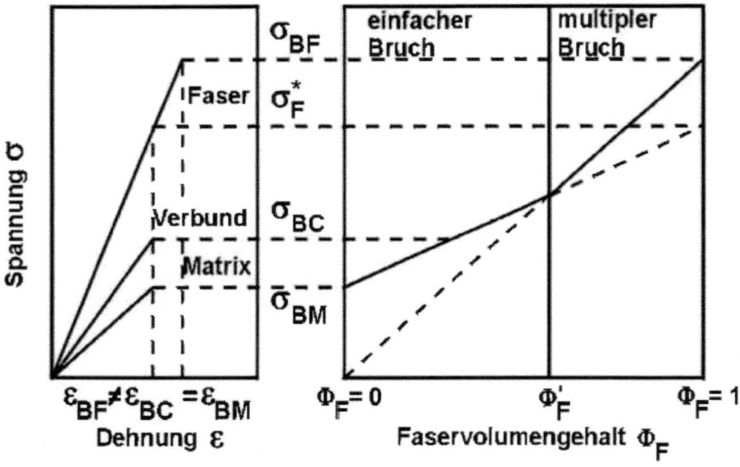

Abb. 2.5: Schematisches Spannungs-Dehnungs-Diagramm eines Faserverbundwerkstoffes mit spröder Matrix und einer Verstärkungsphase mit erhöhter Bruchdehnung (σ_{BF}= Bruchfestigkeit der Faser; σ_{F^*}= effektive Faserfestigkeit beim Bruch des Verbundwerkstoffes; σ_{BC}= Festigkeit des Verbundwerkstoffes; σ_{BM}= Matrixfestigkeit; $\varepsilon_{\mathrm{BF}}$ = Bruchdehnung der Faser; $\varepsilon_{\mathrm{BM}}$= Bruchdehnung der Matrix, $\varepsilon_{\mathrm{BC}}$= Bruchdehnung des Verbundwerkstoffes) [81]

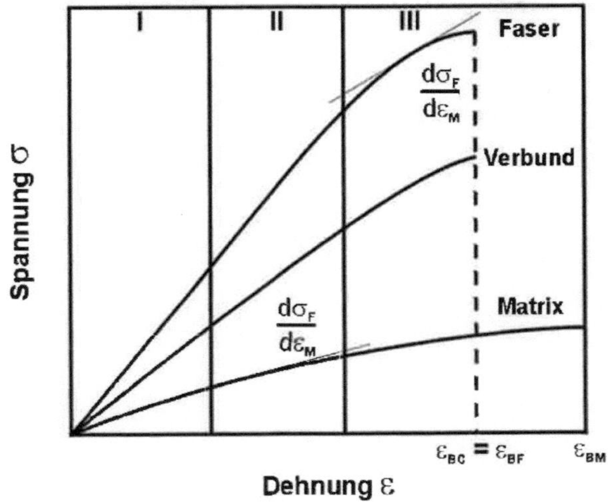

Abb. 2.6: Schematisches Spannungs-Dehnungsverhalten eines Faserverbundwerkstoffes mit duktiler Matrix und Verstärkungsphase sowie einer Verfestigung während des Zugversuches ($\varepsilon_{\mathrm{BF}}$ = Bruchdehnung der Faser; $\varepsilon_{\mathrm{BM}}$= Bruchdehnung der Matrix, $\varepsilon_{\mathrm{BC}}$= Bruchdehnung des Verbundwerkstoffes) [81]

2.2.2.2 Kurzfaserverstärkung

Mithilfe einer einfachen Abschätzung auf Basis eines mikromechanischen Modells (shear lag model) kann die auf die Kurzfasern wirkende Spannung entsprechend der Gleichungen (2.3, 2.4, 2.5) unter Berücksichtigung der Faserlänge, der Faserfestigkeit, der Matrixeigenschaften sowie der Volumenanteile von Fasern und Matrix berechnet werden. Im Gegensatz zu einer Langfaserverstärkung tragen die Kurzfasern bei einer Belastung, wie z.B. einer Zugspannung, nicht über die gesamte Länge die volle Zugspannung. Die Kraftübertragung erfolgt hierbei über Zug- und vorrangig Schubspannungen an der Grenzfläche von Faser zu Matrix. Dabei wird die Belastung zum Teil auf die Faser übertragen. Neben einer idealen Grenzflächenhaftung zwischen Fasern und Matrix wird ebenso von einer idealen Ausrichtung und Verteilung der Fasern ausgegangen [45, 51].

$$\frac{\mathrm{d}\sigma_{\mathrm{F}}}{\mathrm{dx}} = \mathrm{dx} \times r_{\mathrm{F}}^{2} \times \pi + 2\pi \times \tau_{FM} r_F \mathrm{dx} = 0 \tag{2.3}$$

$$\sigma_F = \frac{2}{r_F} \times \tau_{FM} \times \left[\frac{l}{2} - x\right] \tag{2.4}$$

$$l_c = \frac{\sigma_F \times d_F}{2\tau_{FM}} \tag{2.5}$$

Die Schubspannung am Übergang Matrix zu Faser ist

$$\tau_{FM} = (0{,}5\times\sigma_M). \tag{2.6}$$

Die effektive wirksame Faserfestigkeit $\sigma_{F,eff}$ in Abhängigkeit von der Faserlänge l ist

$$\sigma_{F,eff} = \eta \times \sigma_F \times \left(1 - \frac{l_c}{2l_m}\right). \tag{2.7}$$

Somit kann bei einer Faserlänge unterhalb der kritischen Faserlänge die Bruchfestigkeit der Faser im Belastungsfall nicht voll ausgenutzt werden. Die Verstärkungswirkung ist deutlich geringer. Mit zunehmender Faserlänge verlagert sich der Verstärkungseffekt in Richtung Langfaserverstärkung ($\frac{l}{d}$> 100). Für Kurzfasern, welche regellos oder in der Ebene angeordnet sind, ist eine möglichst gleichmäßige Verteilung innerhalb der Matrix Grundvoraussetzung für eine optimale Verstärkung [45, 52].

Für eine Faserlänge größer als die kritische Faserlänge ergibt sich eine Verbundwerkstofffestigkeit entsprechend der Gleichung (2.8).

$$\sigma_C = \eta\times\mathrm{C}\times\sigma_M \times \frac{l_m}{2 \times d_F} + (1\text{-}\phi_F)\times\sigma_M \tag{2.8}$$

2.2.2.3 Partikelverstärkung

Eine weitere Verstärkungsvariante von MMCs stellt die Partikelverstärkung dar. Hierbei werden meist keramische Partikel in Leichtmetallschmelzen eingerührt, um eine möglichst homogene Verteilung innerhalb der Matrix zu realisieren. Im Folgenden ist ein mikromechanisches Modell dargestellt, mithilfe dessen der Einfluss der Partikel auf die Festigkeitseigenschaften einer Leichtmetallmatrix berechnet werden kann.

Die Erhöhung der Matrixstreckgrenze $\triangle\mathrm{R_{p,C}}$ (Gleichung 2.9) setzt sich nach Kainer [45] wie folgt zusammen.

$$\triangle\mathrm{R_{p,C}} = \triangle\sigma_\alpha + \sigma_{\mathrm{KG}} + \triangle\sigma_{\mathrm{SKG}} + \triangle\sigma_{\mathrm{KF}}. \tag{2.9}$$

Einfluss induzierter Versetzungen:

$$\triangle\sigma_\alpha = \alpha \times G \times b \times \rho^{1/2} \tag{2.10}$$

mit

$$\rho = 12\triangle T\frac{\triangle C\Phi_{\mathrm{P}}}{bd} \tag{2.11}$$

Korngrößeneinfluss $\triangle\sigma_{KG}$

$$\triangle\sigma_{\mathrm{KG}} = k_{\mathrm{Y1}}D_{\mathrm{KG}}^{-1/2} \tag{2.12}$$

mit

$$D_{\mathrm{KG}} = d\left(\frac{1-\Phi_{\mathrm{P}}}{\Phi_{\mathrm{P}}}\right)^{1/3} \tag{2.13}$$

Subkorngrößeneinfluss $\triangle\sigma_{\mathrm{SKG}}$

$$\triangle\sigma_{\mathrm{SKG}} = k_{\mathrm{Y2}} \times D_{\mathrm{S}}^{-1/2} \tag{2.14}$$

mit

$$D_{\mathrm{S}} = d\left(\frac{\pi d^2}{6\Phi_{\mathrm{P}}}\right)^{1/2} \tag{2.15}$$

Einfluss einer Verfestigung $\triangle\sigma_{\mathrm{KF}}$

$$\triangle\sigma_{\mathrm{KF}} = KG\Phi_{\mathrm{P}}\left(\frac{2b}{d}\right)^{1/2} \times \varepsilon^{1/2} \tag{2.16}$$

Generell ergeben sich für kleinere Partikeldurchmesser höhere Verfestigungsbeiträge durch den höheren Anteil der Kaltverfestigung und den Beitrag des Korngrößeneinflusses auf die Gesamtverbundfestigkeit [45].

2.3 MMC Werkstoffe mit periodisch und/oder textilen Verstärkungsphasen

In diesem Abschnitt soll der Stand der Technik von Verbundwerkstoffen mit „metallisch, textiler" Verstärkungsphase aufgeführt werden.

Wie schon beschrieben, werden zur Matrixverstärkung meist diskontinuierliche keramische Partikel oder Kurzfasern (SiC, Al_2O_3, B_4C) sowie Langfasern (z.B. Kohlefasern) verwendet. Die Herstellung solcher Werkstoffe erfolgt vielfach durch druckunterstützte Infiltrationsprozesse, um das meist schlechte Benetzungsverhalten zwischen Faser und Schmelze überwinden zu können. Des Weiteren ist die Reaktion der Schmelze mit der Atmosphäre zu berücksichtigen. Gegebenenfalls ist die Verwendung einer Inertgasatmosphäre oder eines Vakuums notwendig. Die starke Reaktivität von Aluminium- und Magnesiumleichtmetallschmelzen führt in vielen Fällen zu einer chemischen Reaktion mit der Verstärkungsphase und kann dadurch zu einer Abschwächung der Eigenschaften führen [30]. Abbildung 2.7 zeigt ein Ashby-Diagramm mit Steifigkeiten (E-Modul) und Dichten verschiedener Werkstoffe sowie MMCs im Vergleich. Eine Darstellung von Aluminiummatrizes mit verschiedenen Arten von Verstärkungsphasen ist in Abbildung 2.8 wiedergegeben.

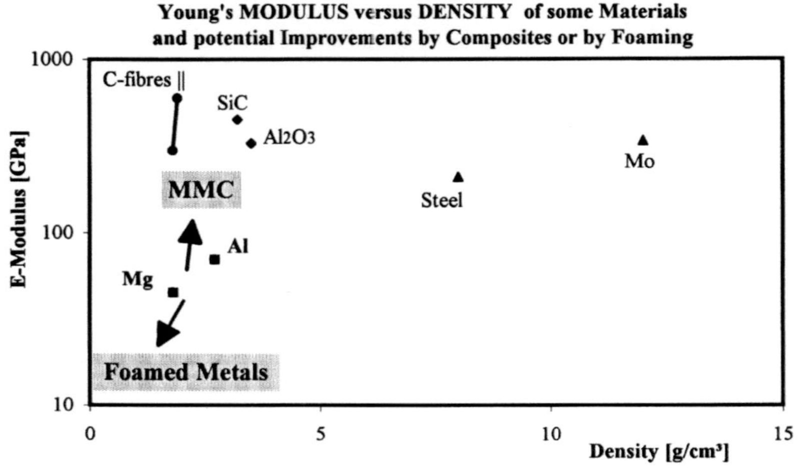

Abb. 2.7: E-Modul und Dichten verschiedener Werkstoffe im Vergleich [16, 30]

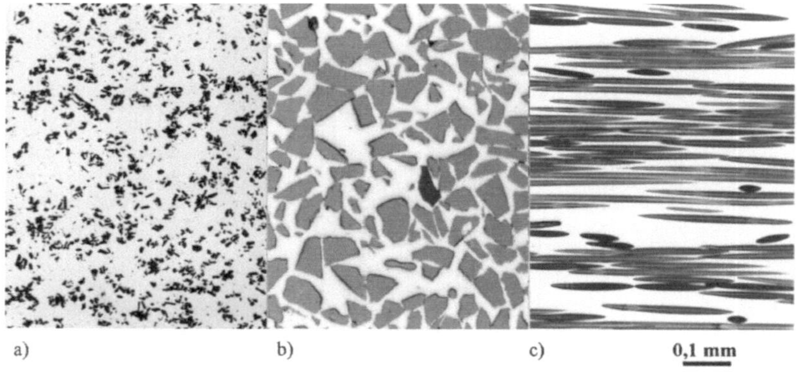

Abb. 2.8: Mikroskopische Aufnahmen verschiedener Metal Matrix Composites: (a) 10 Vol-% Aluminiumoxid partikelverstärktes Aluminium (Stir casting); (b) Preform aus 50 Vol- % SiC infiltriert mit Al-Legierung, (c) 55 Vol- % Aluminiumoxidfaser verstärktes Aluminium (unidirektional) [30]

Nachfolgend soll an einigen Beispielen das Potential von langfaserverstärkten Aluminium- und Magnesium-Leichtmetallverbundwerkstoffen aufgezeigt werden. Abbildung 2.9 stellt die gewichtsspezifischen Steifigkeiten und Festigkeiten verschiedener Aluminium- und Magnesiumleichtmetallverbundwerkstoffe gegenüber. Der Vergleich zeigt das hohe Potential von Magnesiummatrixverbunden. Die Herstellung dieser Werkstoffe erfolgt meist über die Faservorbereitung (Anordnung, Beschichtung) und Konsolidierung, wie dem Fügeprozess (Sinter- oder Schmelzprozesse) für einfache, flache Geometrien. Komplexere dreidimensionale Verstärkungsstrukturen, wie textile Gewebe oder Geflechte, können z.B. über das Gasinfiltrationsverfahren mit der Leichtmetallschmelze infiltriert werden. Während die Faserverstärkung die hohe Steifigkeit und Festigkeit des Verbundes realisiert, ist die Metallmatrix für die Lastübertragung zwischen den Einzelfasern im Belastungsfall verantwortlich. Ebenso sollte die Matrix eine gewisse Duktilität aufweisen, um lokale Spannungskonzentrationen und damit frühzeitigen Versagensbruch zu unterbinden [30].

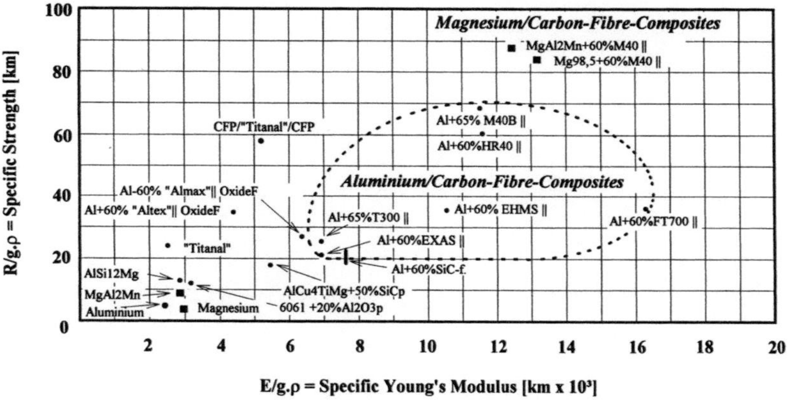

Abb. 2.9: Vergleich der spezifischen Steifigkeiten und Festigkeiten verschiedener Aluminium- und Magnesiumverbundwerkstoffe [30, 29]

Das Potential von kohlenstofflangfaserverstärkten Magnesium-Matrixverbundwerkstoffen soll im Folgenden an einem Beispiel aufgezeigt werden. In der von Hufenbach et al. [37] beschriebenen Arbeit wurden uni- und bidirektionale Kohlenstofffasergewebe mittels des Gasdruckinfiltrationsverfahrens (GPI, siehe Abb. 2.10) mit einer Magnesiumschmelze infiltriert. Schliffbilder einer derart hergestellten bidirektional verstärkten Verbundprobe sind in Abbildung 2.11 dargestellt. Neben der Erhöhung der Steifigkeit und Festigkeit des Materials wird ebenso die Möglichkeit der Reduktion des Kriechverhaltens der Magnesiumlegierungen hervorgehoben. Abbildung 2.12 gibt die erreichten Bruchfestigkeiten der faserverstärkten Magnesiumlegierungen im Vergleich zu den unverstärkten Matrizes wieder. Hierbei sind bis zu viermal höhere Werte für die Steifigkeit und sechsmal höhere Bruchfestigkeiten für unidirektional verstärkte Verbundgussstrukturen im Vergleich zur konventionellen Matrix gemessen worden. Eine Verdopplung der Festigkeits- und Steifigkeitswerte konnte für die bidirektionale Verstärkung bestimmt werden.

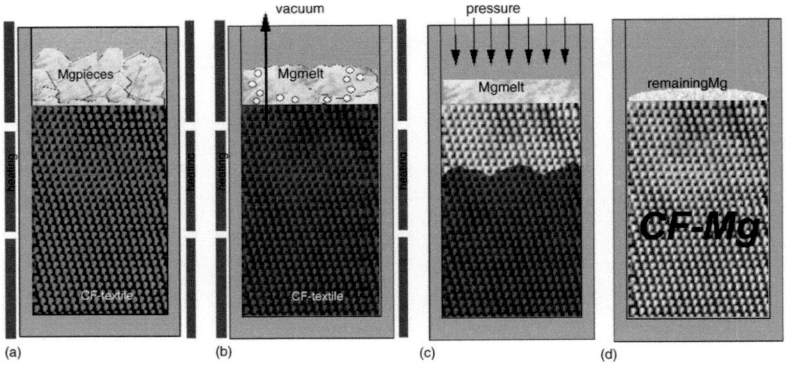

Abb. 2.10: Schematische Darstellung der Infiltration eines Kohlefasergewebes mit einer Magnesiumschmelze durch das Gasdruckinfiltrationsverfahren; (a) Aufheizen; (b) Evakuieren; (c) Infiltration; (d) Erstarrung [37]

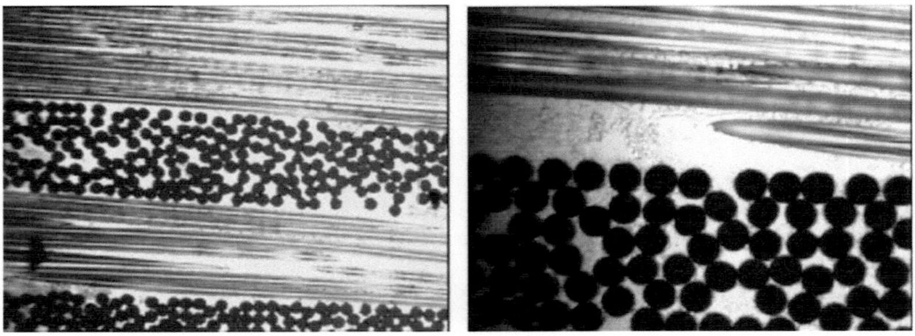

Abb. 2.11: Mikroskopisches Schliffbild einer mittels Gasdruckinfiltrationsverfahren hergestellten bidirektional verstärkten Magnesiumprobe [37]

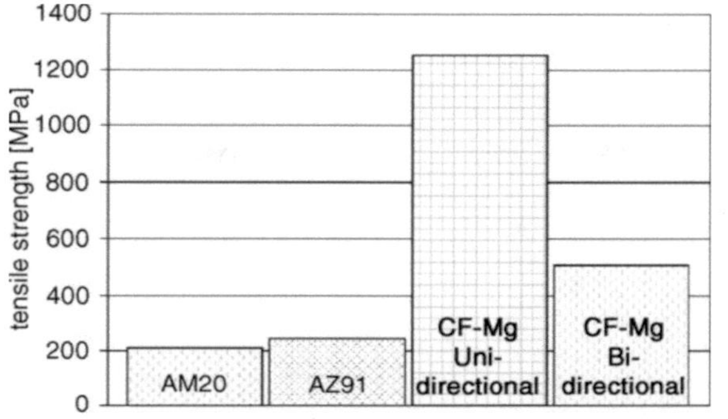

Abb. 2.12: Vergleich der Bruchfestigkeiten von unverstärkten Magnesiumgusswerkstoffen und faserverstärkten Magnesiumverbundgusswerkstoffen [37]

Das Gasdruckinfiltrationsverfahren sowie das Squeeze Casting, auch Pressgießen genannt, sind etablierte Verfahren und eignen sich für die Infiltration von Langfaserverstärkungen. Jedoch stehen eine recht hohe Taktzeit, ein komplexer Prozess des Gasdruckinfiltrationsverfahrens sowie eine prozessbedingt eingeschränkte Bauteilgeometrie beim Squeeze Casting einer großtechnischen Nutzung entgegen. Die Druckgusstechnologie stellt mit kurzen Taktzeiten und einer schnellen Formteilfüllung eine wirtschaftlich attraktive Alternative dar.

In diesem Bereich sind z.B. die Arbeiten von Singer et al. [40, 17] zur Herstellung von kohlenstofffaserverstärkten Aluminiumverbunden im Druckguss anzuführen. Für die Infiltration der Kohlefasern werden diese zuvor auf einen dafür konstruierten Spannrahmen aus Stahl geklemmt. Da die Formfüllung sehr schnell erfolgt, besteht eine große Gefahr der frühzeitigen Erstarrung der Schmelze, so dass die Gewebe vor dem Einbringen in die Form mittels eines Infrarotstrahlers vorgeheizt werden. Dies geschieht direkt oberhalb der Druckgussform und ermöglicht ein Aufheizen der Fasern auf bis zu 1400 °C unter Argon-Inertgas. Anschließend wird das auf ca. 700 °C aufgewärmte Gewebe in die geschlossene Form eingebracht und umgossen. Der Prozess ermöglicht dadurch eine nahezu vollständige Infiltration von textilen, flächigen Faserformkörpern aus Kohlenstofffasern durch den Druckguss. Ebenso führen die Autoren an, dass es durch die kurzen Reaktionszeiten nicht zu den sonst üblichen unerwünschten Aluminiumcarbidphasenbildungen zwischen Aluminiumschmelze und Kohlestofffasern kommt.

Die Faser-Matrix-Anbindung stellt auch hier eine große Herausforderung dar und ist Bestandteil der aktuellen Forschungsaktivitäten. Des Weiteren ist durch den verwendeten Spannrahmen von einer eingeschränkten Geometriefreiheit, der zu verstärkenden Region, auszugehen.

Ein anderer Ansatz, welcher von A. Akdemir et al. [14] verfolgt wurde, ist die Erhöhung der Schlagzähigkeit von Metallmatrixwerkstoffen. Die Arbeit beschreibt die Verstärkung einer sprödbruchgefährdeten Graugussmatrix mittels unlegierter Stahldrähte. Die Herstellung der 10 x 10 x 55 mm^3 Proben erfolgte über die Sandgusstechnologie. Von allen Prüfreihen wurden Proben bei Temperaturen von 800 °C, 850 °C und 900 °C normalisiert geglüht und anschließend mit dem Charpy Pendelschlaghammertest bei -80 °C, 0 °C und 27 °C geprüft.

Für den Grauguss wurde in der Arbeit eine maximale Schlagarbeit von 3 J in normal geglühtem Zustand bei einer Prüftemperatur von 27 °C bestimmt. Verbundproben mit Stahldrahtverstärkung erzielten bei gleichen Prüfbedingungen einen mehr als dreifach höheren Wert. Bei niedrigeren Prüftemperaturen zeigte sich eine Abnahme der Schlagarbeit, relativ unabhängig von der Glühbehandlung bis hin zum Bruchverhalten der unverstärkten Gussmatrix (ca. 2 J, ungeglüht, -80 °C Prüftemperatur). Die Schlagarbeiten für die drahtverstärkten Graugussproben bei verschiedenen Prüftemperaturen und Normalisiertemperaturen gibt Abbildung 2.13 wieder. Als Erklärung für die Steigerung der Schlagarbeit führen die Autoren das deutlich erhöhte duktile Bruchverhalten der unlegierten Stahldrahtverstärkung bei möglichst guter Anbindung an die Graugussmatrix an. Das Absinken der Schlagarbeit bei niedrigeren Prüftemperaturen ist danach ebenso auf die entsprechend niedrigere Schlagarbeit der Verstärkungsphase durch eine zurückgehende plastische Verformbarkeit zurückzuführen.

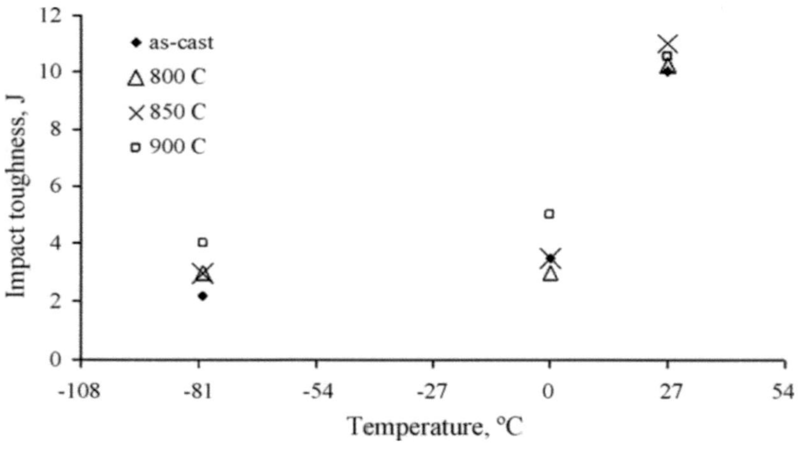

Abb. 2.13: Schlagarbeiten verschiedener stahldrahtverstärkter Graugussproben in Abhängigkeit von der Normalisiertemperatur und der Prüftemperatur [14]

Aus Patenten sind ebenso Ansätze bekannt, die eine Matrixverstärkung durch das Einbringen von Faserverstärkungen beschreiben. Nachfolgend sollen einige Beispiele dargelegt werden.

1972 beschrieben Grünling und Rösler in der deutschen Offenlegungsschrift 2049416 ein „Verfahren zur Herstellung von Halbzeugen und Formteilen aus Faserverbundwerkstoffen" in Form von Geweben, welche in Hauptbeanspruchungsrichtung in das Matrixmaterial eingebettet werden. Als Matrixmaterial geben die Autoren neben Metall auch Keramik, Glas oder Kunststoff an. Als Herstellungsverfahren zur Einbettung werden je nach Matrix und Fasermaterial das Eingießen, Infiltrieren, Sintern bzw. pulvermetallurgische Techniken angebracht. Für die Verstärkungsfasern selbst geben die Autoren Metall, Keramik, Glas sowie nichtmetallische Elemente, wie z.B. Bor, Kohlenstoff oder deren Verbindungen mit Metallen und Übergangsmetallen an. Ebenso führen die Erfinder das Einbringen von Kurzfasern als Verstärkungsphase an, welche zu kontinuierlichen Fäden versponnen oder in eine Matrix aus metallischen Hilfsfäden eingebettet sind. Des Weiteren wird das Herstellungsverfahren dadurch gekennzeichnet, dass die Verstärkungsfasern vor der Einbettung mit einem, die Benetzung und Bindung mit der Matrix verbessernden, metallischen Überzug versehen sind [35].

Auch Brütsch et al. [25] beschreiben in der Patentschrift DE 10319852 B3 von 2004 ein Verbundmaterial und dessen Herstellungsverfahren. Hierbei wird ein poröser Vorformkörper verwendet, welcher eine textile Struktur aufweist und aus nichtmetallischen sowie metallischen Fasern besteht und die Knotenpunkte der metallischen Fasern zumindest teilweise eine Punktschweißverbindung aufweisen. Als Infiltrationsverfahren werden der Druckguss oder das Pressgießen genannt.

Ein anderes Patent von Brinkschröder et al. [26] aus dem Jahr 2002 beschreibt ein verstärktes Strukturelement mit metallischer Matrix und einer Verstärkung aus anorganischen Fasern, wobei die Verstärkung das Strukturelement zumindest teilweise durchdringt. Die Verstärkung in Gewebeform ist dabei mindestens zweidimensional und bildet mit der Matrix ein Strukturelement in Form eines Bleches oder Halbzeuges aus, welches als Karosserieteil ausgebildet ist und dessen Wandstärke zwischen 0,2 - 5 mm beträgt. Als Verstärkungsfasern werden von den Erfindern beschichtete oder aufgeraute Drähte beschrieben, welche mit der Matrix umgossen und durch eine Zwischenschicht oder einen Spalt unterbrochen sind. Für die Matrix werden von den Erfindern Aluminium, Magnesium, Eisen oder deren Legierungen genannt.

Aus dem Jahr 1962 ist von Whitfield eine Schrift (1134481) [90] bekannt, worin er ein Verfahren zur Herstellung von gegossenen Leichtmetallkolben mit einer eingegossenen Drahtverstärkung an der Kolbenringnut zur Erhöhung der Verschleißfestigkeit beschreibt. Entsprechend der Schrift werden die Metalldrähte vor dem Einguss mit einem dünnen Überzug aus Aluminium, Zink oder Zinn versehen.

In der Patentschrift EP 0902095 B1 aus dem Jahr 1998 wird ein Leichtmetallgussteil beschrieben, welches zur Steigerung der Dämpfung eine Gießeinlage aufweist. Diese Einlage besteht vorzugsweise aus einem gewebeartigen, geordneten Drahtformteil und wird vollständig mit der Leichtmetallschmelze infiltriert [62].

2.4 Bindungsverhalten zwischen Matrix und Verstärkungskomponente

Die Eigenschaften von Metallmatrix-Verbundwerkstoffen werden durch die Eigenschaften der Komponenten selbst sowie der Grenzflächen zwischen den Verbundpartnern maßgeblich bestimmt. Neben den für die Matrix dominierenden Eigenschaften, wie Korngröße, Gitterbaufehler und Textur, ist die Art der Volumenanteile und die Verteilung und Orientierung der Verstärkungsphase des Verbundwerkstoffes entscheidend für die Gesamteigenschaften [45]. Außer dem Benetzungsverhalten stellen die mechanischen und chemischen Bindungen an der Grenzfläche zwischen Matrix und Verstärkungsphase die wichtigsten Faktoren für die Verbindung untereinander dar.

2.4.1 Haftungs- und Benetzungsverhalten

Eine hinreichende Benetzung ist die erste Voraussetzung für eine gute Anbindung der Verbundpartner und ist die Grundlage für eine gute Haftung. Als Maß für die Benetzung zwischen Matrixschmelze und Verstärkungsphase kann der Kontaktwinkel zwischen einem Schmelzetropfen und einer festen Unterlage nach Young (Gleichung 2.17) wie folgt angenommen werden.

$$\sigma_{\mathrm{s}} = \gamma_{\mathrm{sl}} + \sigma_{\mathrm{l}} \times \cos\theta \tag{2.17}$$

Hierbei unterscheidet man den Benetzungszustand zweier Partner anhand des Benetzungswinkels θ. Ein Winkel von 0 ° stellt eine perfekte Benetzung dar, ein Winkel von 180 ° keine Benetzung. Je kleiner der Benetzungswinkel θ, desto besser die Benetzung. Abbildung 2.14 zeigt die Benetzungswinkelausbildung eines Schmelzetropfens auf einer festen Unterlage [45].

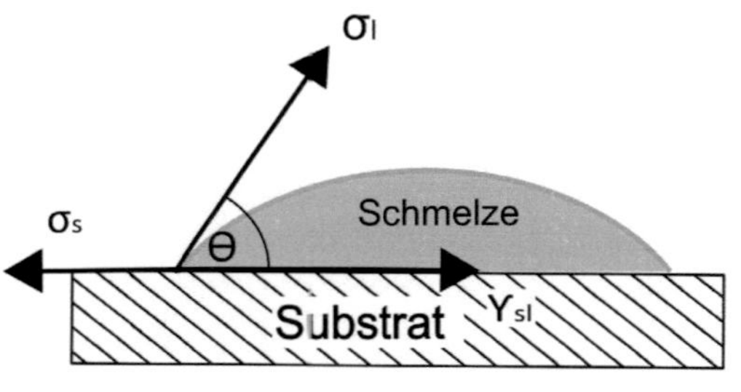

Abb. 2.14: Benetzungswinkelausbildung eines Schmelzetropfens auf einer festen Unterlage nach Young

2.4.2 Mechanische und chemische Bindung

Neben dem Benetzungsverhalten ist die mechanische und chemische Anbindung der Verbundpartner für die Haftfestigkeit ganz entscheidend. Unter der mechanischen Bindung ist hierbei die Verklammerung der Verbundpartner definiert. Wichtige Parameter sind die Oberflächenrauigkeit und Textur der Werkstoffe, welche bei ausreichend guter Benetzung eine gute Kraftübertragung ermöglichen. Erfolgt keine ausreichend gute Benetzung der Oberfläche, verbleiben mehr oder weniger große Bereiche mit Poren an der Oberfläche der Verstärkungsphase zurück. Der Einfluss der Oberfläche ist vor allem bei Verbundwerkstoffen, welche auf dem pulvermetallurgischen Verfahrensweg hergestellt werden, sehr ausschlaggebend.

Die topologische und chemische Beschaffenheit der Pulveroberfläche beeinflusst die Grenzflächenreaktionen mit dem Verbundpartner und bestimmt die sich einstellenden Verbundeigenschaften. So können z.B. Oxidschichten die Reaktivität der Grenzfläche so stark herabsetzen, dass es zu einer nicht ausreichend starken Verbindung der Verbundpartner kommt. Ebenso können sich an Stellen geometrischer Unebenheiten vermehrt Porenräume bilden, welche ihrerseits wiederum Stellen erhöhter Spannungskonzentrationen darstellen und damit die Schadenstoleranz drastisch minimieren. Gegenüber der chemischen/stofflichen Bindung ist die mechanische Bindung ein Bindungstyp mit geringer Energie [27]. Die chemischen Verbindungen zwischen den Partnern werden meist während der Herstellung bei erhöhten Temperaturen gebildet. Hierbei dominieren Diffusionsprozesse die Bildung der entsprechenden Grenzflächen mit einer mehr oder minder ausgeprägten Reaktionszone. Die Bildung dieser Zone folgt den Diffusionsgesetzen:

$$x \approx \sqrt{D\,t} \tag{2.18}$$

mit

$$D = D_0 \exp\left(\frac{-\triangle Q}{kT}\right). \tag{2.19}$$

Abbildung 2.15 zeigt den Zusammenhang zwischen dem Benetzungswinkel von Matrix und Verstärkungsphase und der sich ergebenden Grenzflächenfestigkeit nach der Erstarrung der Schmelze. Es zeigt sich, dass die höchsten Haftfestigkeiten bei kleinen Benetzungswinkeln erzielt werden und das Versagensverhalten der Verbindung über Abscherung erfolgt. Ist der Benetzungswinkel zu groß nimmt die Haftfestigkeit ab, und das Versagen erfolgt über Zugkräfte.

Bietet die Faser selbst keine Benetzung zur Metallmatrix kann eine Faserbeschichtung einen Lösungsweg aufzeigen. Die Funktion einer solchen Beschichtung umfasst, neben einer guten Benetzung, den Schutz der Verstärkungsfaser vor einer unerwünscht starken Grenzflächenreaktion. Eine solche Reaktion kann z.B. während der Herstellung oder Anwendung des Verbundwerkstoffes auftreten.

In Abbildung 2.16 sind die möglichen Grenzflächenzustände zwischen Matrix und Verstärkungsfaser bei unterschiedlich hoher Grenzflächenaktivität dargestellt. Eine unzureichende Haftung, ohne die Ausbildung einer Reaktionszone, zeigen die Darstellungen 1 und 2. Die dominierenden Haftungsmechanismen sind in diesem Fall auf adhäsive Wechselwirkungen beschränkt. In den Darstellungen 4 und 5 ist eine stärkere Grenzflächenreaktion dargestellt. Diese äußert sich in einer ausgeprägten Materialbindung gepaart mit einer Faserschwächung, welche meist durch die Bildung spröder Phasenbereiche bedingt ist. Das Versagensbild ist häufig durch einen Faserbruch geprägt. Eine optimale Grenzfläche ist in Darstellung 3 dargestellt. Sie vereint eine hohe Bindungsfestigkeit zwischen Verstärkungsphase und Matrix mit einer nur geringen Schwächung der Faserfestigkeiten [77].

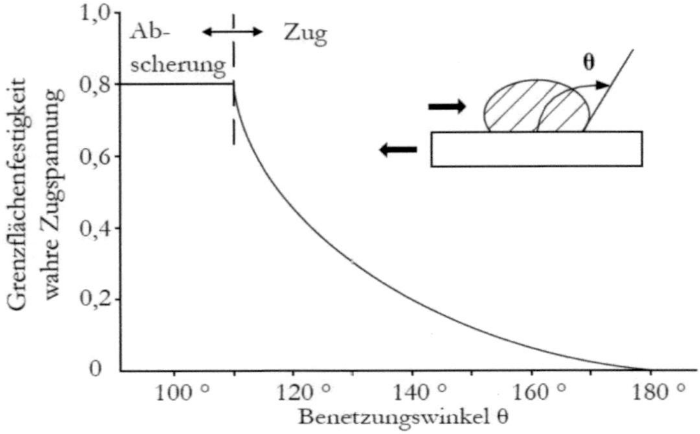

Abb. 2.15: Haftfestigkeit eines erstarrten Schmelztropfens in Abhängigkeit vom Benetzungswinkel [31]

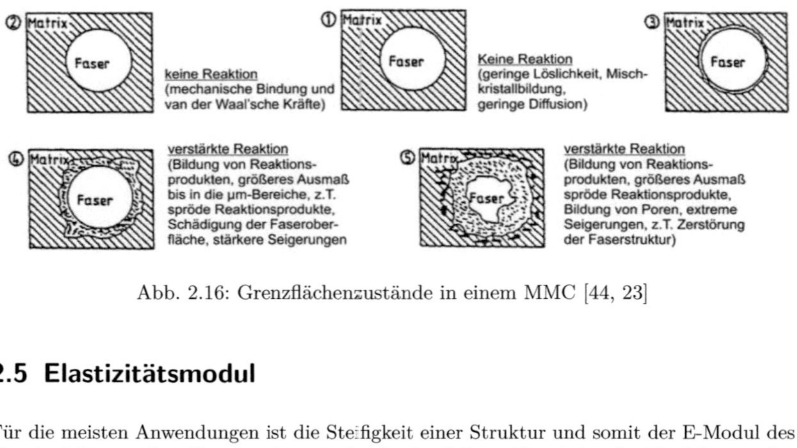

Abb. 2.16: Grenzflächenzustände in einem MMC [44, 23]

2.5 Elastizitätsmodul

Für die meisten Anwendungen ist die Steifigkeit einer Struktur und somit der E-Modul des Konstruktionswerkstoffes ein sehr entscheidender Faktor. Damit ist die Abschätzung des E-Moduls des Verbundwerkstoffes eines der wichtigsten Instrumente bei der Auslegung und Entwicklung. Ein Hilfsmittel das Potential abzuschätzen ist die sogenannte Mischungsregel. Dabei wird von einer idealen Anordnung der Verstärkungsphase innerhalb der Matrix ausgegangen. Im Folgenden sollen die zwei wichtigsten Berechnungsformeln dargelegt werden.

Lineare Mischungsregel: Voigt-Modell (rule of mixture - ROM)

$$E_C = \Phi_P E_P + (1 - \Phi_P) E_M \tag{2.20}$$

Inverse Mischungsregel: Reus Modell (IMR)

$$E_C = \left(\frac{\Phi_P}{E_P} + \frac{1 - \Phi_P}{E_M} \right)^{-1} \tag{2.21}$$

Hierbei ist das Voigt-Modell nur für langfaserverstärkte Verbundwerkstoffe mit einer Beanspruchungsrichtung parallel zur Faserorientierung anzuwenden. Das Reus-Modell dagegen ist für Schichtverbunde mit einer Belastung senkrecht zu den Schichten konzipiert.

Eine für Kurzfaser- und Partikelverbundwerkstoffe angepasste Weiterentwicklung dieser Modelle ist das Tsai-Halpin Modell (Gleichung 2.22, 2.23). Dabei werden Geometrie und Orientierung der Verstärkung durch einen Geometriefaktor berücksichtigt, welcher aus dem Gefüge der Verbundwerkstoffe in Abhängigkeit von der Belastungsrichtung bestimmt wird.

$$E_C = \frac{E_M (1 + 2S\, q\, \phi_P)}{1 - q\, \phi_P} \tag{2.22}$$

mit

$$q = \frac{(E_P/E_M) - 1}{(E_P/E_M) + 2S} \tag{2.23}$$

S = Geometriefaktor der Fasern (l/d)

Allgemein kann davon ausgegangen werden, dass mit größer werdendem Geometriefaktor S ein Verhalten nach ROM und bei kleinerem S ein E-Modul nach IMR auftritt. Bei allen Modellen wird von einer idealen Struktur ohne Poren oder Agglomeraten der Verstärkungsphase oder unerwünschten Bereichen ausgegangen [45].

2.6 Thermischer Ausdehnungskoeffizient

Das Kombinieren verschiedener Werkstoffe zu einem Verbundwerkstoff wirkt sich ebenso auf dessen thermischen Ausdehnungskoeffizienten α aus. Die Verstärkung von Leichtmetallmatrizes mit keramischen Fasern hat z.B. eine Reduzierung des Ausdehnungskoeffizienten zur Folge. Um diese physikalische Eigenschaft des Verbundwerkstoffes abzuschätzen sind einfache Modelle vorhanden. Ein Modell ist nachfolgender Ansatz nach Schapery [79]. Beispielhaft ist hierzu die Berechnung des axialen thermischen Ausdehnungskoeffizienten α_{3C} sowie des transversalen thermischen Ausdehnungskoeffizienten α_{1C} aufgeführt.

$$\alpha_{3C} = \frac{E_F \alpha_F \Phi_F + E_M \alpha_M (1 - \Phi_F)}{E_C} \tag{2.24}$$

$$\alpha_{1C} = (1 + \nu_M)\, \alpha_M \Phi_M + (1 + \nu_F)\, \alpha_F \Phi_F - \alpha_{3C} \nu_{31C} \tag{2.25}$$

mit

$$\nu_{31C} = \nu_F \Phi_F + \nu_M (1 - \Phi_F) \tag{2.26}$$

Das hier dargestellte Konzept nach Schapery [79] ist speziell für die Berechnung von langfaserverstärkten Verbundwerkstoffen konzipiert und daher nur eingeschränkt für kurzfaserverstärkte Werkstoffe anzuwenden. Neben einem einheitlichen inneren Spannungszustand ist eine Ausrichtung der Fasern entscheidend für die Anwendbarkeit [45].

Des Weiteren bestimmen die Ausdehnungskoeffizienten der Verbundpartner sehr stark die mechanische Bindung. Ist der Ausdehnungskoeffizient der Metallschmelze größer als der der Verstärkungsphase, schrumpft die Matrix auf die Verstärkungsphase auf und erzeugt an deren Oberfläche eine Druckspannung. Dies führt zu einer guten Haftung der Komponenten. Der Unterschied der linearen Wärmeausdehnungskoeffizienten kann dabei so groß sein, dass es zu einer plastischen Verformung der weicheren Matrix kommen kann [45].

2.7 Herstellung von Metallmatrix Verbundwerkstoffen

Für die Herstellung von MMCs stehen je nach Anwendung und Verarbeitbarkeit der Ausgangswerkstoffe eine Vielzahl von Technologien zur Verfügung. Die Art und Weise der Verarbeitung, Form und Art der Verstärkungskomponenten, die Herstellungsvariante sowie die Nachbearbeitung haben einen großen Einfluss auf das Eigenschaftsbild. Trotz gleicher Zusammensetzung und hinzugefügter Anteile der Komponenten können sich durch die Art und Weise der Verarbeitungs- und Herstellungstechnologien gravierende Eigenschafts- und Qualitätsunterschiede ergeben.

Die Verarbeitung von Verbundwerkstoffen muss generell in die Verarbeitung des Vormaterials, die Weiterverarbeitung zu einem Halbzeug oder Bauteil und die Endbearbeitung unterteilt werden. Aus wirtschaftlicher Sicht ist die endkonturnahe Herstellung von Verbundwerkstoffen immer anzustreben, um die ohnehin meist aufwendigeren und teuren Herstellungskosten derartiger Werkstoffe konkurrenzfähig halten zu können. Im folgenden Abschnitt werden einige Fertigungstechnologien aufgelistet, welche für die Herstellung von MMCs Anwendung finden [45].

Schmelzmetallurgische Verfahren

- Infiltration von Faser-/Partikel- oder Hybridpreforms
- Einrühren von Partikeln in Metallschmelze
- Umgießen von Preforms

Pulvermetallurgische Verfahren

- Pressen und Sintern von Pulvermischungen
- Strangpressen oder Schmieden von Metallpulver-Partikel-Mischungen oder sprühkompaktiertem Vormaterial

Heißisostatisches Pressen von Pulvermischungen und Fasern

Massivumformung

- Rundhämmern (z.B. von Supraleitern oder Verbunddrähten) [66]
- Schmieden

2.7.1 Schmelzmetallurgische Herstellungsverfahren für MMCs

Dem schmelzmetallurgischen Herstellungsweg bei der MMC Herstellung kommt die größere technische Bedeutung zu, da es im Vergleich zu den pulvermetallurgischen Verfahren meist günstiger ist und etablierte Gießverfahren genutzt werden können. Abbildung 2.17 zeigt eine Übersicht über die Möglichkeiten der gießtechnischen Herstellung von MMCs.

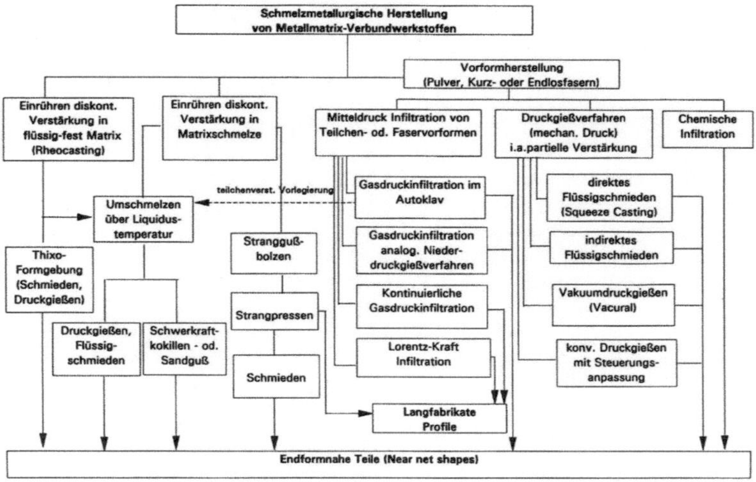

Abb. 2.17: Darstellung von schmelzmetallurgischen Verfahrenswegen zur Herstellung von MMCs [45]

Zur Herstellung von MMCs haben sich vor allem drei Verfahren als praktikabel erwiesen. Diese sind das Melt Stirring (z.B. für partikelverstärkte Aluminiumlegierung), die Schmelzinfiltration (z.B. das Gasdruckinfiltrationsverfahren oder Squeeze Casting) und die Pulvermetallurgie. Im Bereich des Melt Stirrings konnte insbesondere die Firma Duralcan (USA/Kanada) mit dem Einrühren von SiC-Keramikpartikeln in Aluminiumschmelzen einen Werkstoff entwickeln und vermarkten, welcher in großen Mengen hergestellt wird und als Vormaterial in Form von Masseln für Gießereien oder als Stranggussabschnitte für Press- und Walzwerke zur Verfügung steht. Abbildung 2.18 zeigt schematisch den Aufbau einer Melt Stirring Anlage.

Des Weiteren bietet die Firma Lanxide einen MMC Werkstoff an, welcher in einem ähnlichen Prozess hergestellt wird. Hierbei wird gezielt eine Reaktion zwischen der Verstärkungskomponente und der Metallschmelze angestrebt, um einen möglichst guten Verbund der Komponenten und dadurch einen hochwertigen Verbundwerkstoff zu erzeugen. Bei der Herstellungsmethode über die Infiltration kommen Verfahren mit oder ohne Druckunterstützung in Frage, mit denen eine poröse Preform als Verstärkungsphase mit der Metallschmelze infiltriert wird. Als Verstärkungsphase können Partikel, Fasern aber auch Schäume oder andere zellulare Vorkörper verwendet werden. Dadurch kann der Volumenanteil der Verstärkungsphase bis zu 80 % betragen. Ebenso ist dadurch eine lokale Verstärkung von Gussteilen in Bereichen höchster Beanspruchung möglich.

Einen Herstellungsweg über das Gießen bietet das Gasdruckinfiltrationsverfahren. Hierbei wird eine vorher aus der Verstärkungskomponente hergestellte Preform mit der Metallschmelze mittels eines von außen angelegten Gasdrucks (Inertgas) innerhalb eines Druckbehälters infiltriert. Für dieses Verfahren gibt es zwei Prozessvarianten, welche nachfolgend aufgelistet sind:

- die erwärmte Preform wird in die Metallschmelze getaucht und die Schmelze anschließend mit einem Gasdruck beaufschlagt, welche zur Infiltration der Preform führt,
- oder durch den Gasdruck wird die Metallschmelze mittels Steigrohr durch die Preform gedrückt und infiltriert diese dadurch.

Der Vorteil der letzten Variante besteht vor allem in der Herstellung porenfreier und vollständig dichter Verbundwerkstoffe. Ein Nachteil des Gasdruckinfiltrationsverfahrens sind die im Vergleich mit anderen Gießverfahren relativ langen Prozesszeiten. Aus diesem Grund muss die Wahl der Reaktionspartner gut aufeinander abgestimmt werden, um ungewollte Reaktionen zwischen den Werkstoffen zu verhindern.

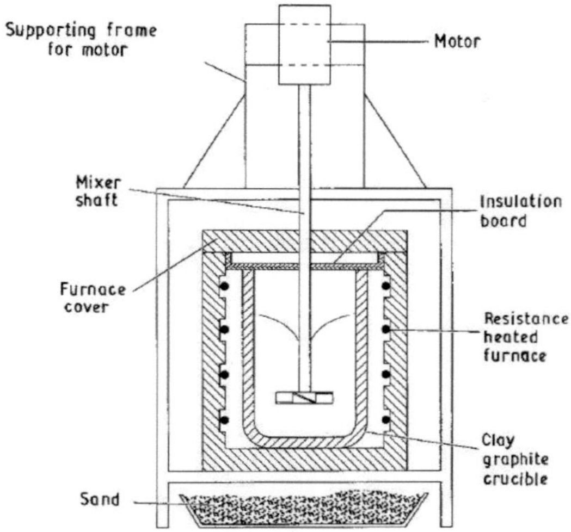

Abb. 2.18: Schematische Darstellung einer Experimental-Melt-Stirring-Apparatur [36]

Ein weiteres Verfahren zur Herstellung von MMCs stellt das Squeeze Casting (Pressgießen, siehe Abbildung 2.19) dar. Hierbei wird die Preform langsam mit einer Metallschmelze unter sehr großem Druck infiltriert und erstarrt anschließend mit einem feinkörnigen Gefüge. Im Vergleich zum konventionellen Druckguss sind die Zykluszeiten durch die langsame Infiltration deutlich länger. Jedoch weist das Gussteil dadurch auch keine Gaseinschlüsse auf, was wiederum eine nachträgliche Wärmebehandlung zulässt. Des Weiteren verhindert die geringere Strömungsgeschwindigkeit der Schmelze beim Squeeze Casting eine turbulente Formfüllung und so eine Gasaufnahme der Schmelze durch Verwirbelung.

Das Squeeze Casting kann in zwei Verfahrensvarianten durchgeführt werden. Die Verfahren werden durch die Art der Druckaufbringung auf die Schmelze in ein direktes und indirektes Squeeze Casting unterteilt. Beim direkten Squeeze Casting wird der Druck mittels Stempel direkt auf die Schmelze aufgebracht. Der Druckstempel ist hierbei ein Teil der Gussform, was den Aufbau der Werkzeuge erheblich erleichtert. Beim indirekten Squeeze Casting wird die Schmelze durch einen Anguss in die Bauteilform gedrückt, wodurch ebenso vermieden wird, dass Oxidationsprodukte aus der Vorschmelze mit ins Bauteil gedrückt werden, da diese sonst im Anguss verbleiben könnten. Ebenso muss die Portionierung der Schmelze nicht so exakt wie beim direkten Verfahren bestimmt werden.

Im Vergleich zum Gasdruckinfiltrationsverfahren erlaubt das Squeeze Casting die Verarbeitung von reaktionsaktiven Werkstoffen, da die Prozess- und Reaktionszeiten relativ kurz sind. Das Verfahren ist besonders für kompliziert gestaltete Bauteile mit partieller Verstärkung geeignet. Generell eignen sich derartige gießtechnische Verfahren zur Herstellung von möglichst endkonturnahen Bauteilgeometrien, welche keine oder nur noch geringfügige Nachbearbeitungen erfordern. Die Schmelzinfiltration eignet sich vor allem für anspruchsvolle Bauteile in kleinen bis mittelgroßen Stückzahlen [29, 20, 45].

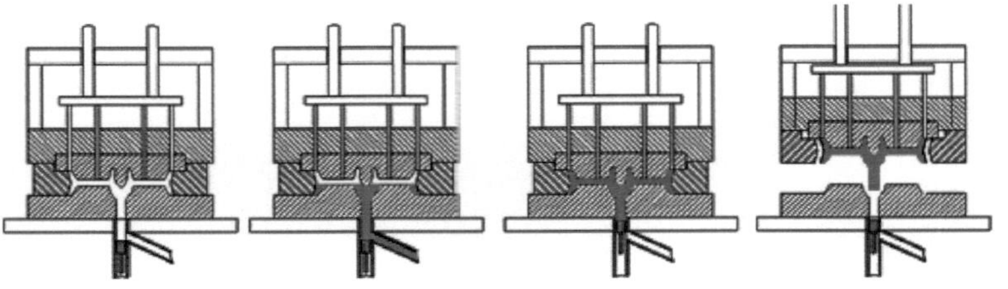

Abb. 2.19: Schematischer Ablauf des indirekten Squeeze-Castings [13]

Die Steigerung der mechanischen Eigenschaften von Aluminium- und Magnesiumlegierungen wurde im Bereich der MMC Entwicklung in den letzten Jahrzehnten bevorzugt untersucht. Die Möglichkeit der Eigenschaftsverbesserung dieser Leichtmetalle durch eine gezielte Auswahl von Verstärkungswerkstoffen ist sehr attraktiv und wird sich mit dem zunehmenden Bestreben nach Leichtbaulösungen weiter verstärken. Je nach gegebener Matrix, dem Verstärkungswerkstoff, dessen Volumenanteil, Form und Verteilung sowie dem Herstellungsverfahren lassen sich bei entsprechend geringer Ausgangsdichte des Matrixmaterials sehr hohe massenspezifische Eigenschaften für den Verbundwerkstoff erreichen. Durch eine gezielte Kombination ist es so möglich, anwendungsrelevante Eigenschaften, wie E-Modul, Streckgrenze, Warmfestigkeiten, Wärmeleitfähigkeit, Wärmeausdehnung und tribologische Eigenschaften auch kombiniert einzustellen. In Tabelle 2.1 sind dazu einige Beispiele für Aluminium- und Magnesiumverbundwerkstoffe im Vergleich zur jeweiligen reinen Metalllegierung dargestellt. Gut zu erkennen ist die starke Variation der Eigenschaften durch eine gezielte Kombination der Komponenten.

Tab. 2.1: Vergleich der mechanischen und physikalischen Eigenschaften von Legierungen und MMC Werkstoffen [20]

Werkstoff	Streckgrenze [MPa]	E-Modul [GPa]	Dichte [g/cm³]	E/ρ [GPa·cm³/g]	WAK[1] [10^{-6}/K]	WLF[2] [W/mK]
Magnesium-Leg.	120-350	40-45	1.8	25	25-27	70-150
Aluminium-Leg.	200-600	70-75	2.7-2.9	25	18-23	120-210
Alxx/SiC/10-20_p IM[5]	120-340	90-125	2.8-2.9	32-42	14-17	150-190
Alxx/SiC/10-40_p PM[6]	340-480	90-140	2.8-3.0	32-46	12-16	150-190
Alxx/SiC/50-70_p Inf.[7]	300-700[3]	180-250	2.9-3.0	60-80	6-12	160-220
Alxx/Al_2O_3 /50-60_f[8]	1000-1800[4]	130-240	3.4	70	7	-
Mgxx/C/60-70_f[7]	1000-1500[4]	150-330	1.8	bis 180	~ 0	-

[1] Wärmeausdehnungskoeffizient
[2] Wärmeleitfähigkeit
[3] Biegefestigkeit
[4] Zugfestigkeit
[5] Al-Legierung mit 10-20 Vol-% SiC-Partikel, schmelzmetallurgischer Einrühr-Prozess
[6] Al-Legierung mit 10-40 Vol-% SiC-Partikel, PM-Prozess
[7] Al-Legierung mit 50-70 Vol-% SiC-Partikel, Infiltrations-Prozess
[8] Mg(-Legierung) mit 60-70 Vol-% C-Endlosfasern, Infiltrations-Prozess (uniaxial)

2.7.2 Pulvermetallurgischer Herstellungsweg für MMCs

Die Herstellung von MMCs auf dem pulvermetallurgischen Weg stellt eine weitere Herstellungsvariante dar. Statt eines reinen Metallpulver-Binder-Gemisches werden meist feine Keramikpartikel z.B. aus SiC oder Al_2O_3 (ca. 0,5-20 µm Korngröße), dem gasverdüsten oder mechanisch zerspanten Legierungspulver beigemischt und in Trocken- oder Nassmischenverfahren miteinander homogenisiert. Aus Gründen der Weiterverarbeitung durch Umformprozesse, wie dem Extrudieren, Schmieden oder Walzen ist der Partikelgehalt bzw. der Volumengehalt meist auf ca. 40 % begrenzt. Nach diesem Schritt erfolgt, vor allem bei Magnesium-Matrix-Verbundwerkstoffen, eine Kugelmahlung, um ein erstes Anhaften der Partikel an dem Metallpulver herbeizuführen und einer Entmischung entgegenzuwirken. Anschließend werden die Pulver in einem Konsolidierungsprozess miteinander verbunden. Neben dem klassischen Verdichten durch Pressen und anschließendem Sintern der Pulver können diese auch durch Heißpressen, heißisostatisches Pressen oder Strangpressen kompaktiert werden.

An dieser Stelle sei noch auf eine Mischvariante, das sogenannte Sprühkompaktieren, hingewiesen. Hierbei werden in einem Vakuum erschmolzene Legierungen verdüst und gleichzeitig Hartstoffpartikel dem feinen Sprühstrahl zugeführt. Das Gemisch erstarrt auf einem Substrathalter und kann anschließend weiter verarbeitet werden. Zu beachten ist, dass die Herstellung derartiger Werkstoffe nur zur Verbesserung der Eigenschaften führt, wenn keine Segregation der Matrixlegierungselemente an der Grenzfläche zum Verstärkungspartikel auftritt und die Verstärkungspartikel eine gute Anbindung mit der Matrix aufzeigen. Wird das Bauteil nicht auf Endmaß gefertigt, ist eine meist aufwendige Nachbearbeitung notwendig und bedingt damit höhere Herstellungskosten.

Trotz dieser Nachteile bestechen pulvermetallurgisch hergestellte Verbundwerkstoffe im Vergleich zu schmelzmetallurgisch hergestellten Bauteilen mit exzellenten Eigenschaften und erfüllen sogar teilweise die sehr hohen Anforderungen (Zertifizierungen) in der Luft- und Raumfahrtindustrie. Tabelle 2.2 zeigt den Vergleich verschiedener Werkstoffeigenschaften schmelzmetallurgisch, sprühkompaktiert oder pulvermetallurgisch hergestellter Verbundwerkstoffe am Beispiel partikelverstärkter Aluminiumlegierungen. Zu erkennen ist, dass durch die Partikelzugabe eine deutliche Reduzierung des thermischen Ausdehnungskoeffizienten bewirkt werden kann. Eigenschaften wie Streckgrenze und Materialsteifigkeiten können gleichzeitig erhöht werden [82, 45].

Tab. 2.2: Eigenschaftsvergleich unterschiedlich hergestellter partikelverstärkter Aluminiumverbundwerkstoffe; CTE = thermischer Ausdehnungskoeffizient; T6 = warmausgelagert [82]

Werkstoff	Streckgrenze (MPa)	Zugfestigkeit (MPa)	Bruchdehnung (%)	E-Modul (GPa)	Bruchzähigkeit ($MPam^{-1/2}$)	CTE ($10^{-6}K^{-1}$)
Schmelzmetallurgisch hergestellte Verbundwerkstoffe						
6061-T6	276	310	20,0	69,0	29,7	25,4
6061 + 10 % Al_2O_3-T6	296	338	7,6	81,4	24,1	22,0
6061 + 15 % Al_2O_3-T6	317	359	5,7	86,9	22,0	19,6
6061 + 20 % Al_2O_3-T6	352	372	4,0	97,2	21,5	k.A.
2014-T6	476	524	13,0	73,1	25,3	23,0
2014 + 10 % Al_2O_3-T6	496	531	3,0	84,1	18,0	20,9
2014 + 15 % Al_2O_3-T6	476	503	2,2	90,3	18,8	19,3
2014 + 20 % Al_2O_3-T6	503	517	1,0	101,0	k.A.	k.A.
A356-T6	200	255	4,0	75,2	k.A.	k.A.
A356 + 20 % SiC-T6	297	317	0,6	84,8	k.A.	k.A.
Sprühkompaktierte Werkstoffe						
2618-T6	320	400	k.A.	75,0	k.A.	23,0
2618 + 13 % SiC-T6	333	450	k.A.	89,0	k.A.	19,0
8090-T6	480	550	k.A.	79,5	k.A.	22,9
8090 + 12 % SiC-T6	486	529	k.A.	100,1	k.A.	19,3
Pulvermetallurgisch hergestellte Werkstoffe						
6061-T6	276	310	15,0	69,0	k.A.	23,0
6061 + 20 % SiC-T6	397	448	4,1	103,4	k.A.	15,3
6061 + 30 % SiC-T6	407	496	3,0	120,7	k.A.	13,8
6061 + 40 % SiC-T6	431	538	1,9	137,9	k.A.	11,1
2124-T6	345	462	8,0	71,0	k.A.	k.A.
2124 + 20 % SiC-T6	379	517	5,3	105,0	k.A.	k.A.
2124 + 30 % SiC-T6	434	621	2,8	121,0	k.A.	k.A.
2124 + 40 % SiC-T6	414	586	1,5	134,0	k.A.	k.A.
7090(7001)-T6	586	627	10,0	73,8	k.A.	k.A.
7090 + 20 % SiC-T6	621	690	2,5	106,9	k.A.	k.A.
7090 + 30 % SiC-T6	676	759	1,2	124,1	k.A.	k.A.

2.8 Gusstechnologien

Das Gießen ist ein Fertigungsverfahren des Urformens und eines der ältesten Formgebungsverfahren. Dabei wird eine Metallschmelze in eine Form gefüllt und erstarrt in dieser. Die Form bildet den Negativabdruck des zu gießenden Werkstücks. Dabei können auch Hohlräume realisiert werden. Der Gießprozess stellt meist eine kostengünstige Herstellungsvariante dar, da pro Zeiteinheit und meist gleichzeitig mehrere Werkstücke hergestellt werden können. Als Gusswerkstoffe kommen vorrangig Stähle (Gusseisen, Stahl) und Nichteisenmetalle wie Kupfer-, Nickellegierungen, Blei, Zink, Zinn sowie Aluminium- und Magnesiumlegierungen zum Einsatz.

2.8.1 Übersicht Gießverfahren

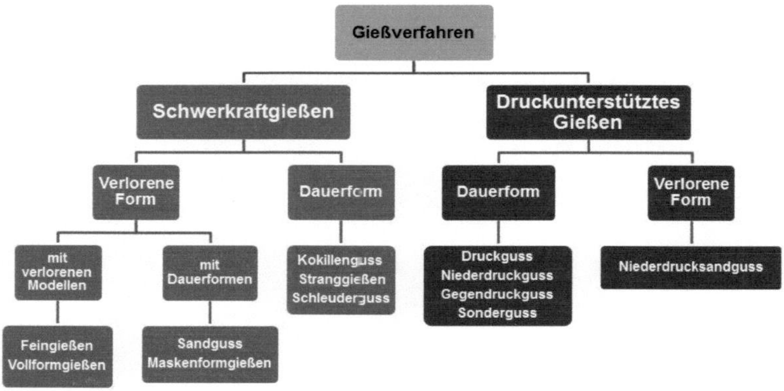

Abb. 2.20: Übersicht der Gießverfahren [78]

Die Unterteilung der Gießverfahren richtet sich zum einen danach, ob eine externe Druckbeaufschlagung der Schmelze zum Füllen der Form vorgenommen wird oder nicht. Hierbei unterscheidet man zwischen dem Schwerkraftguss oder dem Gießen unter Anwendung von zusätzlichem Druck mit kurzen Formfüllzeiten. Eine Übersicht der Gießverfahren ist in Abbildung 2.20 gegeben.

Des Weiteren erfolgt eine Unterteilung zwischen dem Gießen mit verlorener Form oder Dauerform. Bei verlorenen Formen handelt es sich um Formen aus Sand oder Keramik, welche nach dem Guss zum Freilegen das Gussteils zerstört werden müssen. Dauergussformen dagegen sind meist aus Metall hergestellt und werden für die Herstellung mittlerer bis größerer Stückzahlen verwendet. Der eingesetzte Formwerkstoff hängt hierbei vor allem vom Gießwerkstoff und dessen Gießtemperatur ab. Da aus wirtschaftlichen Gründen die Material- und Energieeinsparung immer wichtiger werden, ist das Thema Leichtbau auch hier ein wichtiger Baustein für die technologische Weiterentwicklung. Die wichtigsten Schritte zum Erreichen dieses Zieles sind:

- Verringerung der Wandstärken durch Integration von Verrippungen zur Beibehaltung der Struktursteifigkeit,
- ein hoher Materialausnutzungsgrad,
- Einsparung von spanender Bearbeitung durch einen möglichst endkonturnahen Guss,
- Verwendung von Gussmaterialien mit niedrigen Schmelzpunkten, um den notwendigen Energieeintrag zu minimieren.

Um diesem Ziel möglichst gut gerecht zu werden, ist ein Gussvorgang mit Dauerformen zu bevorzugen. Hierzu gehören das Kokillen-, Druck-, Schleuder- und Stranggießen [78]. Auf das Druckgussverfahren, als eines der am häufigsten verwendeten Gießverfahren für die Verarbeitung von Leichtmetallen, soll im nächsten Abschnitt näher eingegangen werden, da dieses auch im Fokus der Untersuchungen dieser Arbeit stand.

2.8.1.1 Druckgussverfahren

Beim Druckgussverfahren wird die Metallschmelze unter hohem Druck (etwa 10-200 MPa) und mit hoher Geschwindigkeit (etwa 50 m/s) in den Formhohlraum gedrückt. Die normalen Formfüllzeiten liegen hierbei bei etwa 10-200 ms. Die Vorteile des Verfahrens sind im Folgenden aufgelistet:

- kurze Taktzeiten,
- gute Oberflächengüte und hohe Maßgenauigkeit der Gussteile,
- Herstellung dünnwandiger Teile sowie die Abbildung von kleinen Löchern,
- vielfach Einsparung aufwendiger mechanischer Nacharbeit.

Einige Nachteile des Verfahrens sind:

- hohe Investitions-, Form- und Maschinenkosten,
- Einschränkungen bei der Nacharbeit der Gussteile (z.B. Schweißen, Vergüten),
- Teile mit Hinterschneidungen sind schwierig herstellbar.

Die Zufuhr des flüssigen Metalls zur Gießkammer kann auf zwei verschiedenen Wegen erfolgen. Zum einem kann dies durch eine separate Schöpfeinrichtung oder Rinnendosierung bei Kaltkammermaschinen oder durch einen Selbstladevorgang aus einer integrierten Schmelzwanne bei Warmkammermaschinen erfolgen. Die Formschließeinheit wird durch einen hydraulischen Schließzylinder betätigt, welcher die Formhälften zusammenpresst. Hierbei ist die Zuhaltekraft eine wichtige Kenngröße für die Maschine. Diese liegt im Normalfall zwischen 500 - 50000 kN.

Um die Sicherheit des Prozesses zu gewährleisten ist die auftretende Sprengkraft der Form unterhalb der Zuhaltekraft auszulegen. Die Zuhaltekraft kann dabei entweder über einen hydraulischen Kolben oder ein Doppelkniehebelsystem auf die bewegliche Spannplatte übertragen werden. Die Gießeinheit fördert das flüssige Metall mit einem entsprechenden Druck in die Form. Bei der Kaltkammermaschine besteht diese aus der Gießkammer, dem Gießkolben und der Kolbenstange als Verbindungselement zum Antriebszylinder. Die Höhe der Gießgeschwindigkeit wird ebenso durch die gewählte Gießkammer beeinflusst und sollte einen Wert von 3-4 m/s bei der Formfüllung nicht überschreiten, da sonst der

Kammerverschleiß zu groß wird. Die Auswerfeinheit besteht aus dem Auswerfzylinder und der Auswerfplatte, welche die Auswerfstifte in der beweglichen Formhälfte betätigt.

Bei der Warmkammermaschine befindet sich die Gießkammer ständig in der Schmelze des Warmhalteofens. Durch die erhöhte Reaktivität der Schmelze mit der Gießeinheit werden daher auf dieser Maschinenart vorrangig nur Zink- und Magnesiumlegierungen verarbeitet. Bei Kaltkammerverfahren befinden sich alle Teile der Gießgarnitur außerhalb der Schmelze. Auf diesen Maschinen lassen sich alle Druckgusslegierungen bevorzugt aber Aluminiumlegierungen verarbeiten. Die Zuführung der für den Abguss benötigten Schmelze erfolgt meist vollautomatisch. In der nachfolgenden Abbildung 2.21 sind die beiden Verfahrensvarianten schematisch dargestellt [78].

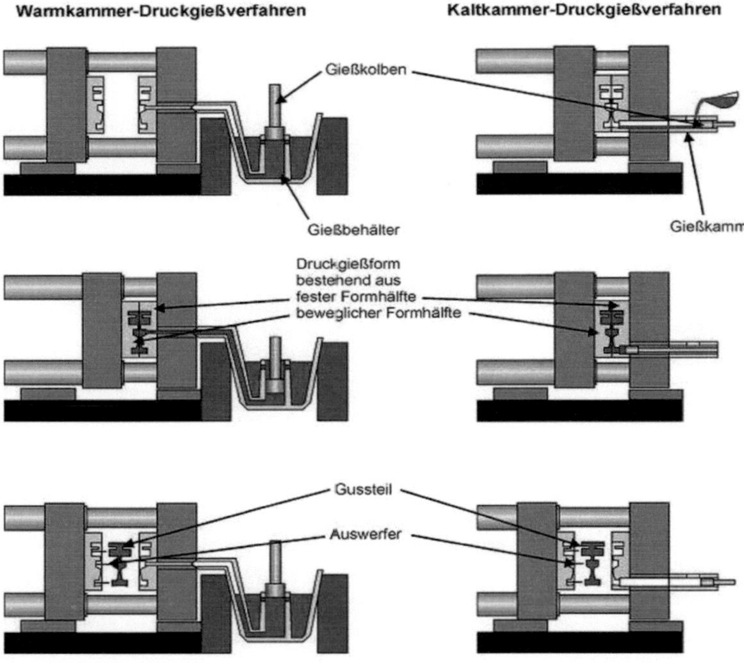

Abb. 2.21: Verfahrensprinzip des Kalt- und Warmkammerdruckgussprozesses [2]

2.8.1.2 Verbunddruckguss - Beispiele der technischen Umsetzung

In diesem Abschnitt soll auf zwei Verbundgussbauteile in Hinblick auf die Verbundgrenzflächenausbildung beispielhaft eingegangen werden. Die daraus gewonnenen Erkenntisse dienten auch dieser Arbeit als Wissenbasis.

Das wohl bekannteste in Großserie hergestellt Bauteil in der Verbundgussweise ist das 2004 von der Firma BMW AG produzierte Zylinderkurbelgehäuse des BMW N52 Motors. Der Herstellungsprozess ist ebenso in der Patentschrift EP 1433552 beschrieben [92]. Das Zylinderkurbelgehäuse (siehe Abbildung 2.22) besteht aus zwei Teilen, welche über den Druckgussprozess miteinander stofflich verbunden werden. Dazu wird ein Aluminium-Zylinderliner (AlSi17Cu4Mg) mit einer Lichtbogen-Spritzschicht aus AlSi12 (siehe Abbildung 2.22) in einem vorgeschalteten Prozess beschichtet und anschließend über einen Druckgussprozess mit einer speziellen Magnesiumlegierung (AJ62) umgossen. Die aufgebrachte Spritzschicht fungiert bei dem Anguss des Magnesiumgehäuses als Haftschicht und realisiert den Stoffschluss der beiden Teile [34].

Abb. 2.22: BMW 6 Zylinder Aluminium-Magnesium Verbundguss Kurbelgehäuse (links); Beschichtung des Alu-Inliners mit einer AlSi12 Spritzschicht (rechts) [11]

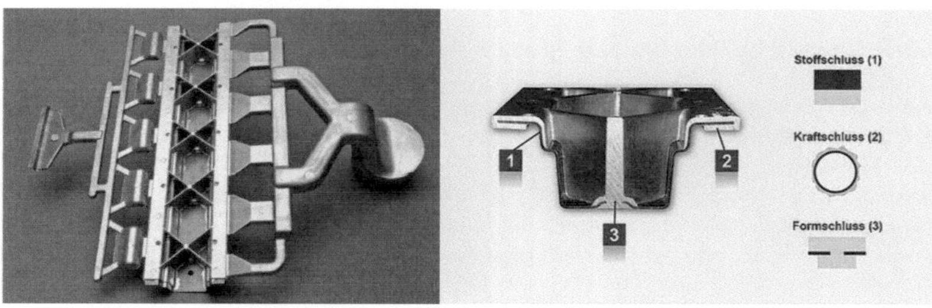

Abb. 2.23: Stahlblech-Aluminium Druckgusshybridstruktur (VarioStruct®) nach dem Umguss (links); Darstellung der drei Verbindungsarten (rechts) [74] [9]

Als zweites Beispiel soll auf ein Entwicklungsprojekt für PKW Karosseriekomponenten mit dem Namen „VarioStruct“ (siehe Abbildung 2.23) eingegangen werden. Hierbei wurden tiefgezogene und beschichtete Stahlbleche mit einer Leichtmetalllegierung, vorrangig Aluminium, zur Herstellung leichter biegesteifer Strukturelemente umgossen. Als Beschichtungen wurden u.a. Zink, Aluminium, Zinn und organische Beschichtungen sowie eine Kombination von diesen verwendet [22]. Ein Schwerpunkt innerhalb des Projektes war die Untersuchung der Grenzflächenausbildung während des Gussprozesses, um den gewünschten Materialverbund zwischen dem Einlegeblech und der Leichtmetalllegierung zu realisieren. Schlussendlich konnte eine Verbindung der Materialien durch einen Mix der drei Verbindungsarten Formschluss, Kraftschluss und Stoffschluss erzielt werden. Die Abbildung 2.23 zeigt die drei Verbindungsarten exemplarisch an einem Querschnitt einer Variostruct-Struktur. Durch das Umschließen des Bleches mit der Gussmatrix wird an diesen Stellen eine kraftschlüssige Verbindung infolge des Aufschrumpfens beim Erstarren des Aluminiums erzielt. Die formschlüssigen Verbindungen werden mittels des Umgießens von Hinterschnitten und Löchern erreicht. Der lokale Stoffschluss wird seitens beschichteter Stahlbleche hergestellt. Die Beschichtung ermöglicht es, eine mechanisch stabile Verbindung zwischen Stahleinleger und Gusslegierung während des Gussprozesses zu erzeugen [74].

Zusammenfassend ist für die hier vorliegende Arbeit festzuhalten, dass es immer auf den Anwendungsfall und die Geometrie der Verstärkungsphase ankommt, welche der drei Verbindungsarten den dominierenden Anteil an der Kraftaufnahme innerhalb des Materialverbundes übernimmt. Wichtig ist jedoch der Fakt, dass es ohne entsprechende Beschichtungen meist nicht zu einem stofflichen Verbund kommen kann.

2.9 Beschichtungstechnik

Die Beschichtungstechnologie dient dem Veredeln von Oberflächen. Die aufgebrachten Schichten können organischen, anorganischen oder metallischen Charakter aufweisen. Optik und Haptik der Werkstücke können verändert sowie Eigenschaften wie Härte, Verschleißfestigkeit, elektrische und thermische Leitfähigkeit variiert werden.

Die nachfolgende Beschreibung, in dieser Arbeit genutzter Verfahren, soll auf Vor- und Nachteile jedes Verfahrens hinweisen.

2.9.1 Chemische Metallabscheidung

Das bedeutendste stromlose Verfahren zur Aufbringung von metallischen Schichten ist das Reduktionsverfahren. Die Entladung der Metallionen des Elektrolyten erfolgt hierbei durch Elektronen eines beigefügten Reduktionsmittels R^{n+}. Durch diesen Prozess ist es auch möglich nicht leitende Materialien zu beschichten, was jedoch eine ausreichend genaue Vorbehandlung der Substrate voraussetzt. Die ablaufenden Reaktionen bei einer Reduktionsabscheidung sind immer die Oxidation des Reduktionsmittels und die entsprechende Entladung der Metallionen. Nachfolgende Gleichungen sollen die ablaufenden Reaktionen am Beispiel eines z-wertigen Metalls Me beschreiben. Durch den Prozess wird ebenso atomarer Wasserstoff freigesetzt [47].

$$R^{\mathrm{n}+} \rightarrow R^{(\mathrm{n}+\mathrm{z})+} + \mathrm{z} \cdot \mathrm{e}^{-} \tag{2.27}$$

$$Me^{\mathrm{z}+} + \mathrm{z}{\cdot}\mathrm{e}^{-} \rightarrow Me \tag{2.28}$$

$$R^{n+} + Me^{z+} \rightarrow R^{(\mathrm{n}+\mathrm{z})+} + Me \tag{2.29}$$

Somit wird das Reduktionsmittel $R^{\mathrm{n}+}$ durch Abgabe von Elektronen (z) zu $R^{(\mathrm{n}+\mathrm{z})+}$ oxidiert. Die frei werden Elektronen reduzieren die abzuscheidenden Metallionen (Kationen)

Me^{z+} des Elektrolyten, welche sich als neutralisierte Metallatome auf die zu beschichtende Oberfläche niederschlagen. Das zu beschichtende Substrat wirkt hierbei katalytisch in die ablaufenden Reaktionen ein, da die frei werdenden Elektronen an der Substratoberfläche gesammelt werden und dieses so als elektronenübertragendes Medium fungiert [48]. Großer Vorteil dieses Verfahrens ist der Auftrag sehr dünner und gleichmäßiger Schichten über die gesamte Bauteiloberfläche, auch bei komplexen Geometrien, ohne Schichtdickenunterschiede.

2.9.2 Galvanische Metallabscheidung

Die elektrochemische Metallabscheidung ist im Vergleich zur chemischen Abscheidung dadurch gekennzeichnet, dass die zur Entladung der Metallionen benötigten Elektronen nicht von einem Reduktionsmittel, sondern von einer externen Spannungsquelle bereitgestellt werden. Hierbei unterscheidet man das Gleichstrom- und das Pulsstromverfahren. Der generelle Aufbau besteht aus zwei Metallelektroden, welche in einer leitfähigen Elektrolytlösung eingetaucht und durch eine Spannungsquelle miteinander verbunden sind. Über die von außen angelegte Spannung kann nun die kathodische Metallabscheidung bzw. die anodische Metallauflösung gezielt gesteuert sowie Schichtdicke und Schichtqualität eingestellt werden.

Als Vorteil der galvanischen Metallabscheidung können die recht einfache Handhabe dieser Methode und der damit vergleichsweise geringe Preis der Beschichtung genannt werden. Demgegenüber steht eine ungleichmäßigere Schichtdickenverteilung. Grund dieser Erscheinung ist die Stromlinienverteilung zwischen Anode und Kathode. Besonders stark ist dieser Effekt bei Bauteilen komplexer Geometrie, da der Verlauf der Stromlinien von Faktoren wie Bauteilform und Größe sowie dem Anodenabstand bestimmt wird. Das Verfahren ermöglicht die Abscheidung einer Vielzahl von Metalle, wie Kupfer, Silber, Gold, Nickel, Zinn, Zink, u.v.m. [48].

2.9.3 Feuerverzinkung

Das Feuerverzinken ist ein etabliertes Langzeitkorrosionsschutzverfahren für unlegierte Stähle. Bei diesem Verfahren werden die zu verzinkenden Bauteile bei der Stückverzinkung zuerst nasschemisch vorbehandelt (gewaschen und gebeizt). Danach erfolgt die Beschichtung mit einer Zinkschicht durch das Eintauchen des Stückgutes in eine flüssige ca. 450 °C heiße Zinkschmelze. An der Grenzfläche kommt es durch Diffusion zur Ausbildung von Eisen-Zink Legierungsschichten verschiedener Zusammensetzungen. Die oberste Legierungsschicht besteht dabei meist aus reinem Zink [4].

2.10 Mögliche Beschichtungen für Stahloberflächen zur Herstellung von Verbundgussstrukturen

Der stoffschlüssige Verbund zwischen den Komponenten Faser- (bzw. Draht) und Metallmatrix erfordert immer eine Löslichkeit der einen Phase in der anderen Phase, im Sinne einer Phasen-/Legierungsbildung durch Diffusionsvorgänge (im Weiteren meist mit Reaktion benannt). Für den hier verfolgten Ansatz einer Verbindung von Stahldraht und

Magnesiummatrix besteht jedoch fast keine Löslichkeit für Eisen in Magnesium. Aus diesem Grund muss eine geeignete metallische Beschichtung der Drähte zur Verbundwerkstoffherstellung gefunden werden. Für die Beschichtung der Drahtoberflächen wurden Verfahren ausgewählt, die eine möglichst vollständige und gleichmäßige Beschichtung aller Drähte gewährleisten. Der Beschichtungsweg über die galvanische oder chemische Prozessroute wurde dafür favorisiert. Im nachfolgenden Abschnitt wird auf den Stand der Technik zum Thema Verbundguss eingegangen. In Anbetracht der Fülle von Veröffentlichungen und Patenten erfolgt nur eine Zusammenfassung relevanter Literatur auf diesem Gebiet.

Aus der Literatur ist bekannt, dass vor allem Kupfer und Nickel eine Reaktion mit Magnesium durch Bildung eutektischer Phasen eingehen können. Hierbei konnte der Werkstoffverbund zwischen Edelstahl (316L) und der AZ31 Magnesiumlegierung, z.B. durch reine Kupfer- und Nickelschichten, mittels eines Wärmebehandlungsprozesses bei Temperaturen um 550 °C erzielt werden [32].

In einer weiteren Arbeit wurde der Materialverbund derselben Magnesiumlegierung mit Baustahlproben mittels des TIG-Laserschweißverfahrens unter Zuhilfenahme von Nickel- und Kupferzwischenschichten realisiert [64]. Des Weiteren wurden in einer Arbeit die Verbindung zwischen der Magnesiumlegierung AZ31B und Kupfer durch Diffusionsglühen bei Temperaturen zwischen 400-550 °C untersucht und die erzielten Scherfestigkeiten bewertet. Dabei konnten Scherfestigkeiten von über 60 MPa, der unter Druck und Temperatur hergestellten Verbundproben gemessen werden [65]. Eine andere Arbeit zeigte, dass auch Silber stabile stoffliche Verbindungen mit der Magnesiumlegierung AZ91 eingehen kann [87].

Im Folgenden soll auf die für die weitere Betrachtung wichtigsten Zustandsdiagramme eingegangen werden. Das Magnesium-Eisen Zustandsdiagramm (siehe Anhang Abb. B.1) zeigt, dass für Eisen fast keine Löslichkeit in Magnesium besteht und es deshalb nicht zur Legierungsbildung zwischen den Verbundpartner kommen kann. Aus den Zustandsdiagrammen Mg-Cu (siehe Anhang Abb. B.2) und Mg-Al (siehe Anhang Abb. B.3) ist zu erkennen, dass eine Reaktion des Magnesiums mit Kupfer zu Mg_2Cu bei 483 °C sowie eine Reihe von Aluminium-Kupfer Verbindungen durch die Reaktion des Kupfers mit dem Aluminium der Magnesiumschmelze zu erwarten sind. Nickel und Magnesium bilden bei 512 °C ein Eutektikum entsprechend dem Zustandsdiagramm (siehe Anhang Abb. B.4) aus, welches ebenso als Verbindungsschicht zwischen den Verbundpartnern fungieren kann. Auch eine Reaktion von Zinn mit Magnesium zu Mg_2Sn, bei Temperaturen unterhalb von 250 °C ist bekannt (siehe Anhang Abb. B.5).

Eine Zinkbeschichtung als Reaktionsschicht stellt ebenso einen erfolgversprechenden Lösungsansatz dar, da sich mit Magnesium Legierungsphasen im betrachteten Temperaturbereich von 300-500 °C bilden können (siehe Anhang Abb. B). In der Arbeit von Nowack et al. [74] wurden zur Erzielung einer lokalen stoffschlüssigen Verbindung von Stahlblechen im Aluminiumdruckgussverfahren verzinkte Stahlteile einem Al-Fin Verfahren zur Aufbringung einer mit der Druckgusslegierung reaktiven Aluminiumschicht versehen und erfolgreich stoffschlüssig umgossen.

Eine umfangreiche Übersicht bestehender Patente zum Thema Verbundguss mit beschichteten Einlegern und eine Zusammenfassung über den Stand der Technik im Allgemeinen gibt die Dissertation von Kerber [53]. Im Abschnitt „Tauchbeschichtungen und galvanische Beschichtungen" listet er viele Patente und Verfahren zum Verbundguss von Eisenbasislegierungen mit Leichtmetallschmelzen auf. Auf einige der dort beschriebenen Patente soll nachfolgend kurz eingegangen werden, da sie den generell möglichen Weg zur Herstellung stofflicher Verbunde durch Gussverfahren aufzeigen.

Darin erwähnt ist u.a. auch die Patentschrift US 2 396 730 von Whitfield und Sheshunoff et al. [91] von 1941, welche das sogenannte „Al-Fin-Verfahren“ erläutert, das die Vorbereitung von Eisenbasiswerkstoffen für den Einguss in Aluminiumlegierungen durch eine Beschichtung mit flüssigem Aluminium beschreibt. Das beschichtete Einlegeteil wird mit einer oberflächlich noch teilflüssigen Beschichtung in die entsprechende Gießform eingelegt und mit der Aluminiumlegierung umgossen, was eine rasche Prozessführung voraussetzt. Das Verfahren des „Alfinierens“, wie es ebenso genannt wird, findet bis heute seine Umsetzung im industriellen Bereich.

Eine weitere Möglichkeit der Verbundgussherstellung mit einem stoffschlüssigen Verbund der Verbundpartner beschrieben Miyamura, Oota und Oosugi [70] in der Patentschrift JP 5501369. Hierzu wurden die Einlegeteile aus einer Eisenbasislegierungen mit einer galvanisch oder chemisch aufgebrachten Zink-Beschichtung versehen. Die so vorbereiteten Teile wurden danach in einer Aluminiumlegierung zur Herstellung des Verbundes umgossen. Die stoffschlüssige Verbindung zwischen den Partnern beschrieben die Erfinder durch eine während des Prozesses stattfindende Legierungsbildung und Diffusionsprozesse. Ein weiteres Verfahren, welches den Umguss von Einlegeteilen aus Eisenbasislegierungen mit Aluminiumlegierungen unter Bildung einer stofflichen Verbindungsschicht beschreibt, ist das 1981 von Kawahara, Suzuki und Shiina [50] eingereichte Patent (JP 58038653). In diesem wird eine Tauchbeschichtung der Einlegeteile durch ein Kupfer- oder Nickelbad vorgenommen.

Anhand dieser Literatur und Zustandsdiagrammen wurden für diese Arbeit Metalle für die Beschichtung ausgewählt, welche innerhalb des Gießprozesses mit den Legierungselementen der Magnesiumschmelze die Möglichkeit zur Ausbildung einer stofflichen Anbindung der Verbundpartner realisieren können.

3 3D Drahtstrukturen

In diesem Kapitel soll auf die in dieser Arbeit verwendeten Verstärkungsstrukturen für den Leichtmetallguss eingegangen werden. Die Entwicklung und Charakterisierung dieser Strukturen, allen voran der „Strucwire“ und „3D Wire Textile“ Strukturen, wurden maßgeblich mit bewegt und können als Bestandteil der hier vorliegenden Arbeit betrachtet werden.

Drahtbasierte zellulare Strukturen sind eine relativ junge Klasse innerhalb der zellularen Metalle. Die Ersten und wohl bekanntesten Vertreter derartiger Strukturen sind die „wire-woven bulk kagome structures” (WBK). Charakteristisch für diese Art der periodisch zellularen Metalle „periodic cellular metals“ (PCM) ist ihre dreidimensionale Tragwerkstruktur und die resultierenden guten Leichtbaueigenschaften sowie die hohen spezifischen Festigkeiten. Ebenso bietet die offenzellige Struktur Möglichkeiten zur Durchströmung und dadurch ein Potential für die Funktionsintegration. Diese Werkstoffklasse wird in pyramidale, Blockgitter, tetraedrisch, Metall-Textil und Drahtstrukturen eingeteilt. Da es sich um sehr leichte metallische Halbzeuge handelt, werden ihre mechanischen Eigenschaften vorrangig in Sandwichbauweise (Kernlage) durch Druck- und Scherversuche charakterisiert [76, 88, 61, 49].

3.1 Drahtstrukturen nach dem „Kagome Muster” - WBK-Strukturen

Entwickelt wurden diese Strukturen an der Chonnam National University in Südkorea durch Kang et al. Hierbei handelt es sich um periodisch aufgebaute Drahtstrukturen bestehend aus Tetraeder-Einzeldrahtzellen. Die Abbildungen 3.1 und 3.2 zeigen eine schematische Darstellung einer gefertigten WBK-Struktur mit einem Ausschnitt der Einheitszellen sowie WBK-Strukturen unterschiedlicher Größe. Es sei noch darauf hingewiesen, dass die effektive Breite und Länge dieser Strukturen sich von den absoluten Probenmaßen, um die angeschnittenen Probenzellen verringern, da diese nicht zur Strukturtragfähigkeit beitragen (siehe auch Bezug zur „Strucwire-Struktur“, Abb. 3.12).

Die aus Metalldrähten aufgebauten Strukturen ermöglichen es, die Vorteile einer sehr guten Materialqualität, guten Materialeigenschaften wie Festigkeit und Steifigkeit mit einer hervorragenden Verfügbarkeit und Materialvielfalt zu kombinieren [63, 61]. Neben den WBK-Strukturen wurden von Kang et al. in den letzten Jahren eine Vielzahl von Abwandlungen dieser Struktur erforscht und charakterisiert. Im folgenden Abschnitt soll jedoch nur auf die WBK-Struktur als Grundstruktur eingegangen werden.

Die Herstellung der dreidimensionalen WBK-Strukturen erfolgt über ein systematisches Ineinandergreifen von spiralförmigen Drähten in sechs Richtungen. Zur Herstellung werden zuerst, durch Verdrillen von jeweils drei Drähten, Spiralen gefertigt. Diese werden anschließend mittels Spannrahmen in der Ebene zueinander ausgerichtet und fixiert. In einem genau festgeschriebenen Abstand zueinander werden mehrere dieser Rahmen übereinander gestapelt, um darauffolgend in ebenso festgelegten Winkeln von oben Drähte einzudrehen und so die Struktur zu komplettieren. Hierbei kreuzen sich die Einzeldrähte in einem Winkel von 60° bzw. 120°. Zur Steigerung der Eigenschaften können die Knotenpunkte der Strukturen durch einen Klebe- oder Lötprozess versteift sowie eine Wärmebehandlung zur Veränderung der Drahteigenschaften durchgeführt werden. Für die Herstellung der Strukturen kann jedes Material verwendet werden, welches in Drahtform vorliegt und zu Spiralen verarbeitet werden kann. In den Arbeiten von Kang et al. wird darauf hingewiesen, dass 3D-Kagome-Strukturen als Sandwichkernlage ein höheres Lastaufnahmeverhalten unter Kompression und Scherung zeigen als tetraedrische Tragwerkstrukturen. Des Weiteren wird auf eine erhöhte Isotropie der Eigenschaften und ein verringertes Abknickverhalten Bezug genommen [63, 61]. Abbildung 3.3 und Tabelle 3.1 zeigen beispielhaft einige ermittelte mechanische Eigenschaften.

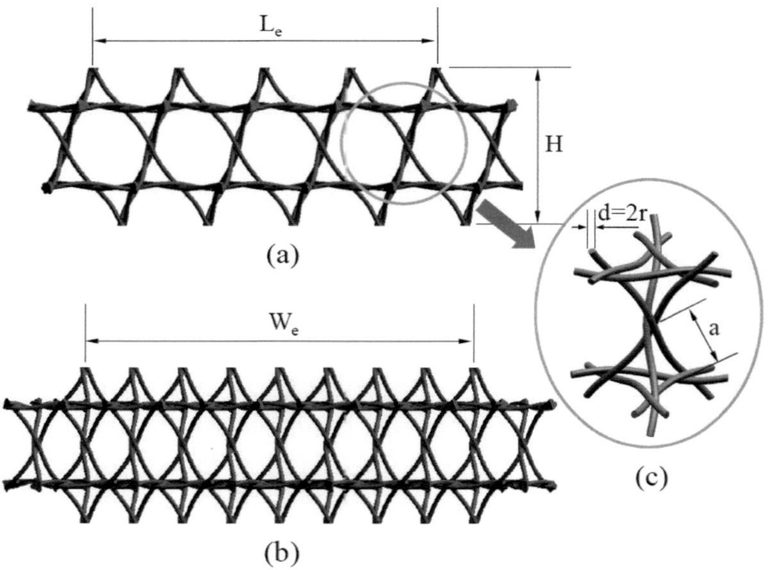

Abb. 3.1: Frontansicht einer WBK-Struktur mit der effektiven Probenlänge L_e und der Höhe H (a); WBK-Seitenansicht mit Angabe der effektiven Breite W_e (b); Einheitszelle einer WBK-Struktur (c) [59]

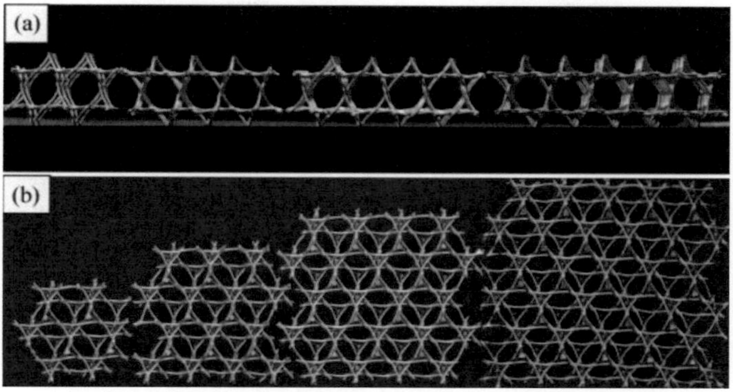

Abb. 3.2: WBK-Drahtstrukturen, (a) Frontansicht, (b) Draufsicht [59]

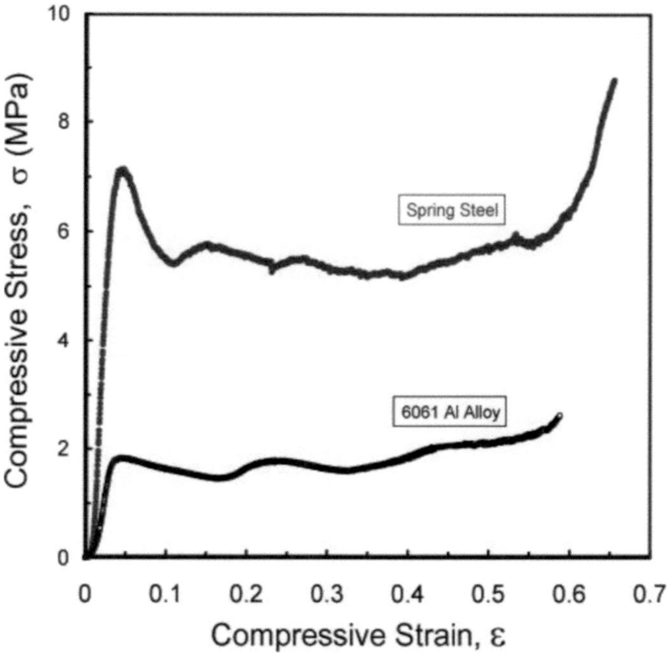

Abb. 3.3: Spannungs-Dehnungs-Kurven von Aluminium- (Al Alloy) und Stahl- (Spring Steel) WKB-Proben (Druckversuch) [60]

Tab. 3.1: Werkstoffkennwerte für Aluminium- (Al 6061-T6) und Stahl- (Spring Steel SAE) WBK-Drahtstrukturproben [60]

Eigenschaften	Al 6061-T6	Spring Steel SAE 9254HV
relative Dichte	0,035	0,035
Dichte (g/cm^3)	0,096	0,271
max. σ_y^c (MPa)	1,8	7,1
spezif. Festigkeit (MPa m^3/ kg)	18,8	26,2
Energieabsorption (MJ / m^3)	1,2	3,3
spezif. Energieabsorption (MJ / kg)	12,5	12,2

3.2 Drahtstrukturen aus Spiralen - „Strucwire“

Eine weitere periodisch aufgebaute zellulare Drahtstruktur, welche in den letzten Jahren durch die Firma KIESELSTEIN International GmbH in Zusammenarbeit mit dem Fraunhofer-Institut für Fertigungstechnik und angewandte Materialforschung in Dresden sowie dem Institut für Leichtbau und Kunststofftechnik der Technischen Universität Dresden entwickelt wurde, ist unter dem Namen „Strucwire“ patentiert [57]. Die Struktur selbst ist der Kagome-Struktur nachempfunden. Der Anspruch dieser Entwicklung war es, eine offenzellige Struktur aus Metalldraht zu entwickeln, welche in einem 3-achsigen Verfahren herstellbar ist und somit einen einfacheren Produktionsprozess im Vergleich zu den WBK-Kagome Strukturen ermöglicht. Im nachfolgenden Abschnitt sollen zum weiteren Verständnis dieser Arbeit wichtige Fakten zu den Strukturen selbst vorgestellt werden, da diese in der hier vorliegenden Arbeit als „Verstärkungskomponente“ im Leichtmetallguss verwendet wurden.

Abb. 3.4: „Strucwire“ Drahtstrukturen in verschiedenen Maschenweiten [7]

Abbildung 3.4 zeigt einige „Strucwire“ Drahtstrukturen verschiedener Größe. Auch für diese Strukturen ist das Ausgangsmaterial ein Metalldraht, welcher über ein Spiralwerkzeug (Dorn, Schnecke) zu Rundspiralen mit definierter Steigung umgeformt wird. Als Drahtmaterial kann jedes Material genutzt werden, welches eine formstabile Spiralfertigung erlaubt. Hierfür kommen z.B. Stahl, Kupfer, Aluminium, Magnesium und Titan in Frage. Die Fertigung der Rundspiralen erfolgt dabei auf einem konventionellen Spiralwerkzeug. Abbildung 3.5 zeigt die in der Fertigung ablaufenden Prozesse zur Spiralfertigung. Um aus den Rundspiralen eine Struktur herstellen zu können werden diese nach dem patentierten Verfahren definiert ineinander gedreht. Ist die erste Ebene in x- und y-Richtung aufgebaut lassen sich weitere Ebenen darüber ergänzen. Dies ermöglicht ein variables Gestalten der Abmessungen in alle Raumrichtungen. Es sei an dieser Stelle darauf hingewiesen, dass sich nur rechtwinklige Bauteilgeometrien, bedingt durch die Verwendung von geraden Drahtspiralen herstellen lassen. Ein Umformen zur weiteren Geometriegestaltung ist möglich. Der Aufbau der Strukturen ist anisotrop und bedingt daher auch unterschiedliche Eigenschaften je nach Belastungsrichtung.

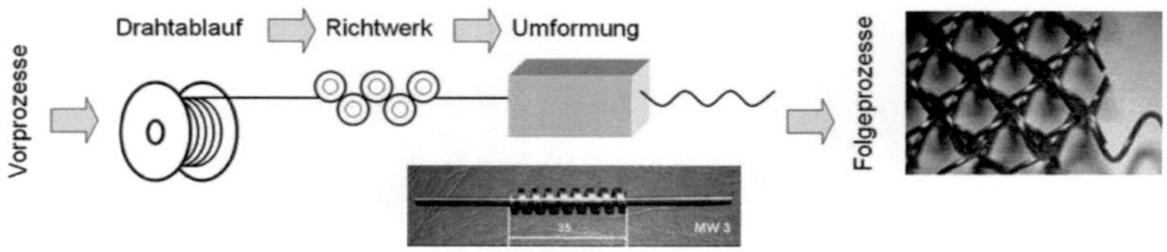

Abb. 3.5: Schematische Darstellung des Herstellungsprozesses von Drahtspiralen für die „Strucwire“ Drahtstrukturen [54, 7]

Die Abbildungen 3.6 und 3.7 zeigen eine Seitenansicht einer Struktur sowie eine Draufsicht des Zellenaufbaus. Zu sehen sind die beiden, die Struktur charakterisierenden Drahtknotenpunkte, in denen sich die ineinander gedrehten Drähte berühren und dadurch die Stabilität der Struktur definieren. Es wird zwischen einer Belastung in der x-y-Ebene und der z-Richtung unterschieden. In der x-y-Ebene bilden sich einfache Drahtbögen aus. In der z-Ebene dagegen stabilere Knoten mit einem säulenähnlichen Charakter, welche die Strukturfestigkeit stärker bestimmen (siehe Abbildung 3.9). Ein FE-Modell einer Einheitszelle ist in Abbildung 3.8 dargestellt und zeigt eine Drauf- sowie Seitenansicht. Die rechnergestützte Auslegung der symmetrisch aufgebauten Strukturen ist für viele Anwendungen von entscheidendem Vorteil. Die gebildeten Zellen der Strukturen sind durchgängig und haben entsprechend dem verwendeten Werkzeug unterschiedliche Größen (siehe Abbildung 3.7). Bisher liegen die fertigbaren Maschenweiten bei 20, 10, 5 und 3 mm.

Fertigungsbedingt ist es nur möglich dreidimensionale Strukturen aus bestimmten Drahtspiralen mit definiertem Durchmesserverhältnis (Drahtdurchmesser zu Spiraldurchmesser) sowie Steigungsverhältnis (Spiralsteigung zu Spiraldurchmesser) herzustellen. Es sei noch erwähnt, dass sich durch Reibungseffekte und das Eigengewicht nicht beliebig große Abmessungen fertigen lassen. Generell lassen sich mit größeren Drahtdurchmessern auch größere Strukturen fertigen. Die Strukturabmessungen können von einigen Millimetern bis zu einem halben Meter reichen. Die Strukturen selbst können in mehreren Typen und Modifikationsformen hergestellt werden. Die einfache Variante (Typ A) kann durch das Eindrehen weiterer Spiralen erweitert werden, welche wieder die gleichen Strukturen bilden. Dies führt zu noch stabileren Strukturtypen höherer Dichte. So entstand z.B. der Typ C mit einem speziellen Aufbau und sehr stabilen Knoten. Dieser Aufbau ermöglicht jedoch nur eine Ebene in der Fertigung [54, 12, 55, 56].

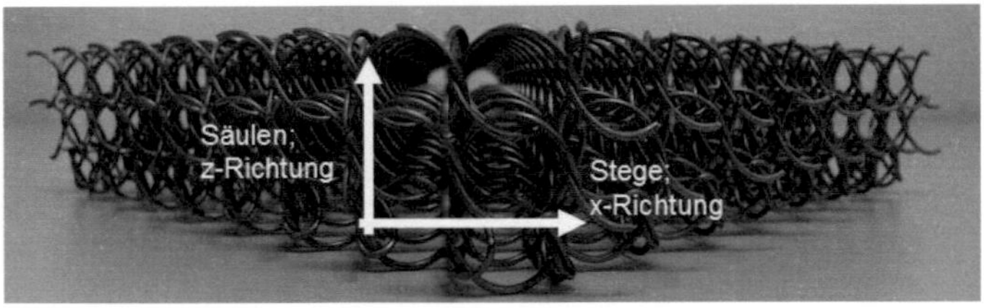

Abb. 3.6: Seitenansicht einer „Strucwire‘ Drahtstruktur der Firma KIESELSTEIN International GmbH

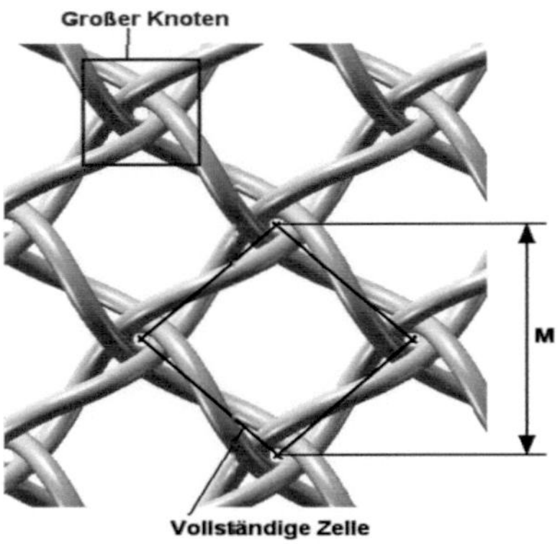

Abb. 3.7: Zellenaufbau von „Strucwire“ Drahtstrukturen (M: Maschenweite) [7]

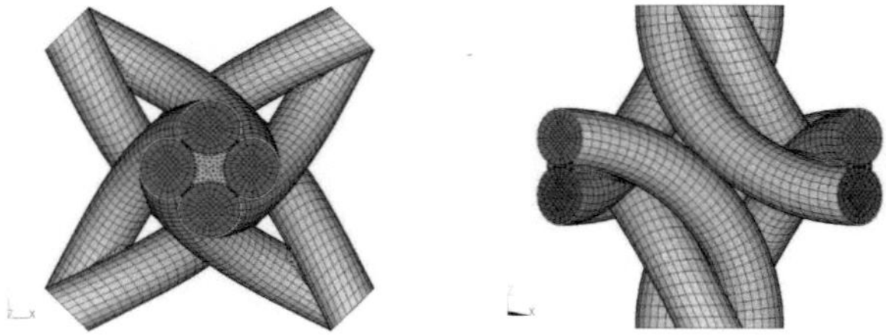

Abb. 3.8: FE-Modell der Einheitszelle mit Darstellung der Drahtknotenpunkte (links: Draufsicht, rechts: Seitenansicht) [5, 12]

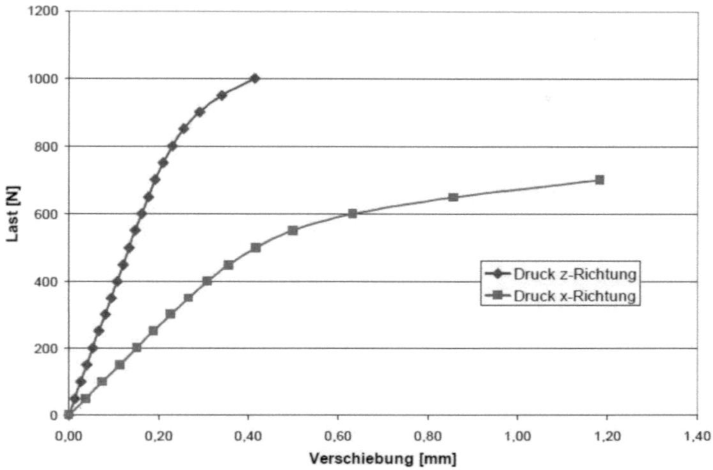

Abb. 3.9: Einfluss der Prüfrichtung (x-, z-Richtung) auf das Druckverhalten von „Strucwire“ Drahtstrukturen

Des Weiteren können die Eigenschaften der Strukturen durch zusätzliche Bearbeitungsschritte verändert werden. So erhöht z.B. ein nachträgliches Verlöten der vielen Drahtknotenpunkte im Inneren der Strukturen vor allem die Steifigkeit um ein Vielfaches (siehe Abbildungen 3.10 und 3.11) [41]. Die mechanischen Eigenschaften der Strukturen sind stark von der Geometrie, dem verwendeten Ausgangsdraht sowie einer nachträglichen Wärmebehandlung oder Verlötung abhängig. Zum Aufbringen des Lotes wurde meist die galvanische oder chemische Metallabscheidung verwendet. Ebenso ist das Aufbringen von Lotpasten über ein Dip-Coating Prozess möglich. Nachfolgend sollen einige mechanische Kennwerte exemplarisch aufgezeigt werden. Die dargestellten Werte beziehen sich dabei auf Strukturen der Maschenweite 5 mm aus einem 0,6 mm starken C75 Stahldraht und einer Endprobenabmessung von $40\,mm \times 40\,mm \times 40\,mm$. Tabelle 3.2 gibt hierfür Kennwerte für ungelötete und verlötete Proben wieder.

Tab. 3.2: Vergleich mechanischer Kennwerte von ungelöteten und mittels Kupfer verlöteten „Strucwire“ Drahtstrukturen der Maschenweite 5 mm aus unlegiertem Stahldraht; Probenkörper 10 x 10 Zellen

Kennwerte	ohne Verlötung	verlötet mit Kupferlot
Dichte g/cm^3	$\sim$ 0,74	$\sim$ 0,78
E-Modul [MPa]	$\sim$ 120	$\sim$ 1500 - 3000
Stauchgrenze R_{p1}[MPa]	$\sim$ 2	$\sim$ 10 - 20
Energieabsorption [kJ/m^3]	$\sim$ 2250	$\sim$ 14000

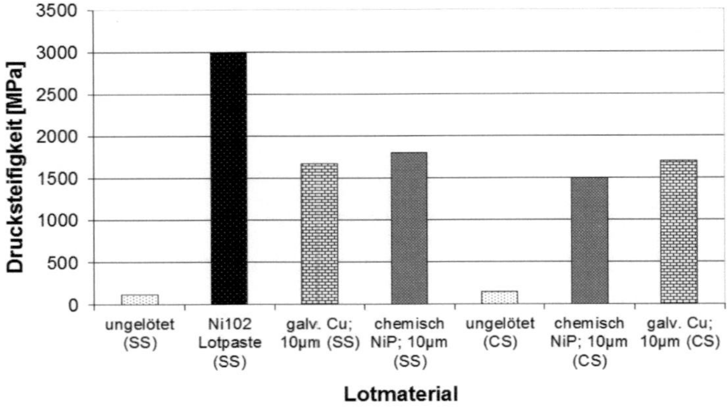

Abb. 3.10: Drucksteifigkeit von „Strucwire“ Drahtstrukturen in Abhängigkeit vom aufgebrachten Lotmaterial im Vergleich zu ungelöteten Proben (SS: 1.4301 Edelstahldraht; CS: unlegierter Stahldraht) [41]

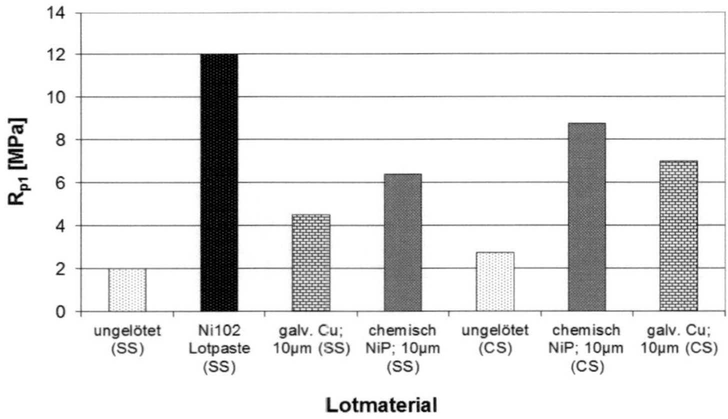

Abb. 3.11: 1% Stauchgrenze von „Strucwire“ Drahtstrukturen in Abhängigkeit vom aufgebrachten Lotmaterial im Vergleich zu ungelöteten Proben (SS: 1.4301 Edelstahldraht; CS: unlegierter Stahldraht) [41]

Es sei darauf hingewiesen, dass die effektive Querschnittsfläche der Strukturen ca. 25 % kleiner ist, als der absolute Probenquerschnitt. Dies ist darin begründet, dass die Ränder dieser quadratischen Strukturen keine vollen Einheitszellen bilden und der absolute Querschnitt um diese halben Zellen minimiert werden muss. Die effektive Probenbreite W_e ist ebenso um diese Randzone minimiert. Abbildung 3.12 verdeutlicht dies [33, 58].

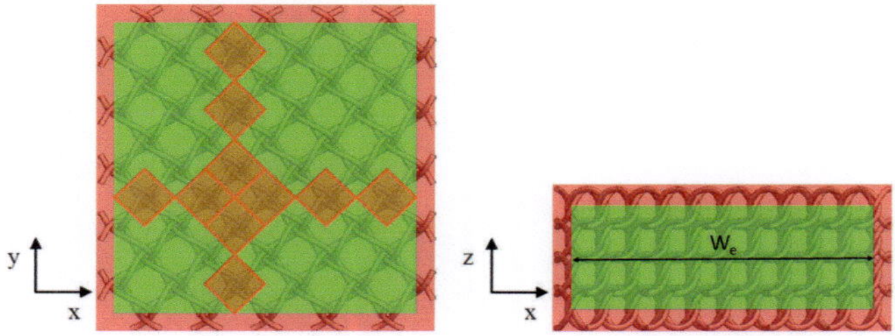

Abb. 3.12: Draufsicht (links) und Seitenansicht (rechts) eines „Strucwire“ CAD-Modells mit effektiver Probenbreite W_e und Illustration der durch die Einheitszellen (orange) gebildeten Volumens (grün) und der Ränder (rot) [33]

Eine Darstellung von Druckversuchen an Drahtstrukturen aus einem C75 Stahldraht mit einem Durchmesser von 0,55 mm und den Probenabmessungen $40\,mm \times 40\,mm \times 40\,mm$, in verschiedenen Wärmebehandlungszuständen, ist in Abbildung 3.13 gegeben. Dies verdeutlicht ebenso den Einfluss einer Nachbehandlung auf das mechanische Strukturverhalten. Als eine Anwendungsmöglichkeit kann z.B. die Verwendung als Kernlage in metallischen Sandwichelementen genannt werden (siehe Abbildung 3.14).

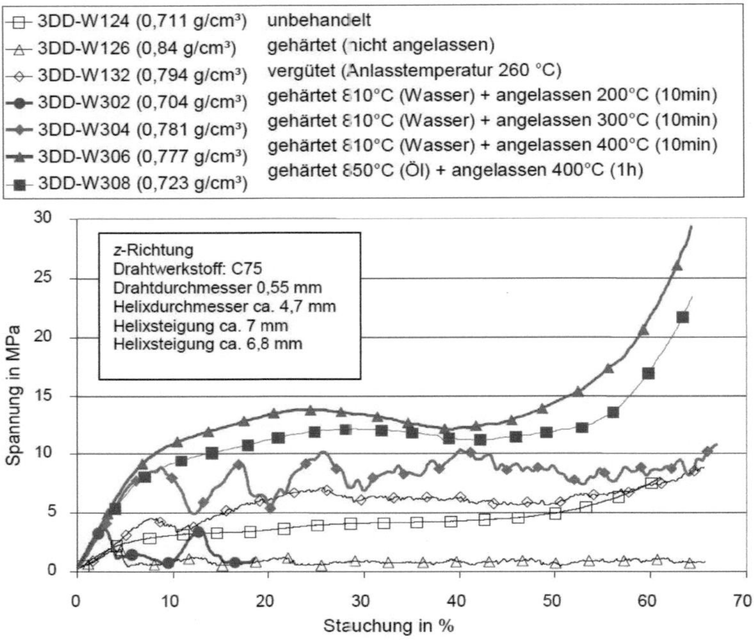

Abb. 3.13: Spannungs-Dehnungs-Kurven unterschiedlich wärmebehandelter „Strucwire" Proben der Maschenweite 5 mm aus C75 Draht

Abb. 3.14: Verlötete „Strucwire" Drahtstruktursandwichelemente

3.3 Gewebte 3D Drahtstrukturen - 3D Wire Textile (3DWT)

Die maschinelle Herstellung von Drahtstrukturen ist für die großtechnische Umsetzung eines der wichtigsten Kriterien, um Reproduzierbarkeit und Kostenakzeptanz zu erzielen. Alle bisher vorgestellten Drahtstrukturen konnten, bis zu dem jetzigen Zeitpunkt (Stand Ende 2014), diesen Anspruch noch nicht erfüllen. Die Umsetzung des maschinellen Fertigungsprozesses ist mit vielen Hindernissen und Kompromissen verbunden. Aus diesem Grund wurde ab Mitte 2009 an der Technischen Universität Dresden im Rahmen des ECEMP Projektclusters (European Centre for Emerging Materials and Processes) ein Projekt begonnen, welches die Herstellung von 3D Drahtstrukturen mit Hilfe von textilen Fertigungsverfahren verfolgt. Diese Strukturen stellen besonders im Bereich des Verbundgusses eine neue Möglichkeit der Positionierung von Verstärkungsfasern im Gussteil dar und sollen auch aus diesem Grund kurz vorgestellt werden [84].

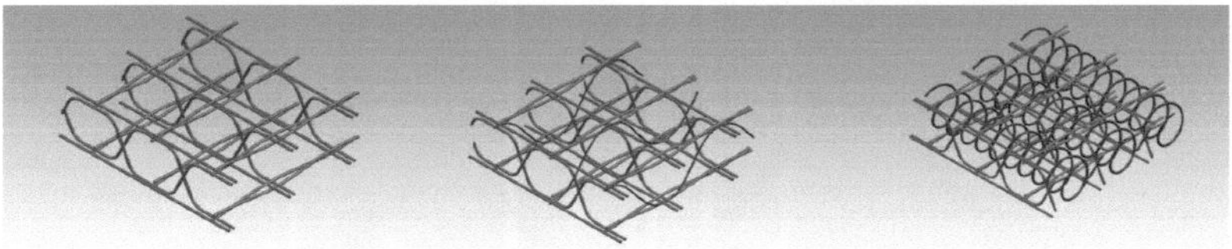

Abb. 3.15: CAD Modelle verschiedener 3D-Drahtstrukturen des Typs 3DWT (links: Ausgangskonfiguration, Mitte: mit zusätzlichem Kettdrahtsystem, rechts: zusätzlich in Schußrichtung eingewebte Drahtspiralen) [6]

Der größte Vorteil bei der Verwendung von Webtechnik zur Herstellung derartiger Strukturen ist die Aussicht auf eine Herstellung großer Stückzahlen zu akzeptablen Kosten. Dazu können verschiedene Drahtwerkstoffe auch kombiniert verwebt werden. Bedingung ist eine ausreichend niedrige Biegesteifigkeit der Drähte für die Verarbeitung auf den textilen Webmaschinen. Die Abbildungen 3.15 und 3.16 zeigen verschiedene CAD Modelle sowie Bilder von hergestellten textilen Drahtstrukturen. Der dreidimensionale Charakter wird vor allem durch zusätzlich eingebrachte Stabilisierungsdrähte (Kettdrahtsysteme oder Drahtspiralen) erzielt. Zur Herstellung werden Kettfäden sowie vorprofilierte Schussdrähte in das Webfach eingelegt und miteinander verwoben. Eine schematische Darstellung des Webprozesses ist in Abbildung 3.17 aufgezeigt. Zusätzlich können weitere Drähte oder Spiralen eingewebt werden, um vor allem die Schubsteifigkeiten zu erhöhen. Je nach Variante kann auch hier die Strukturdichte variieren. Typische Dichten für diese Strukturen liegen zwischen 0,15 - 0,25 g/cm^3 bei einer Strukturhöhe von ca. 12 mm. Dies stellt, bedingt durch das Webfach, momentan die maximale Strukturdicke dar (Stand Ende 2014).

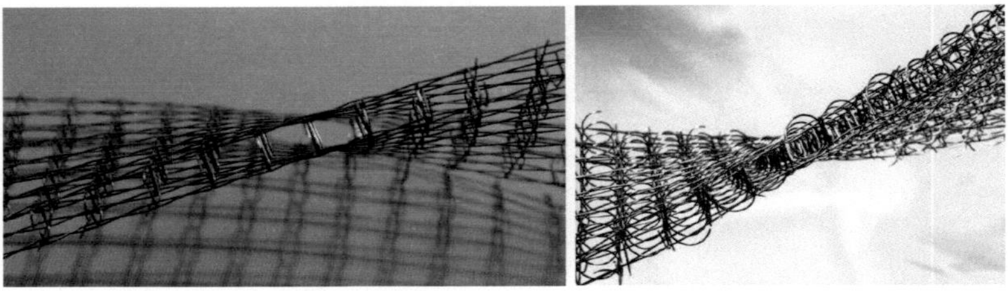

Abb. 3.16: Gewebte 3D-Drahtstrukturen (links: Ausgangskonfiguration; rechts: mit zusätzlich eingewebten Drahtspiralen) [6]

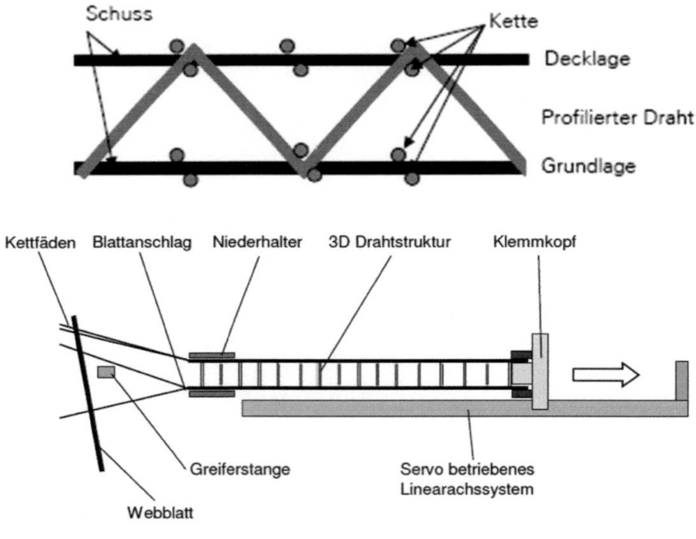

Abb. 3.17: Schematische Darstellung des Herstellungsprozesses von textilen Drahtstrukturen durch Verweben von Kett- und Schussdrähten (oben: Frontansicht; unten: Seitenansicht) [6], [83]

Abbildung 3.18 zeigt die deutlich geringeren Steifigkeiten und Festigkeiten dieser Strukturvariante, verglichen mit den anderen Drahtstrukturtypen oder Vergleichsstrukturen wie Faser- oder Aluminiumwabenstrukturen. Eine Steigerung der Steifigkeiten und Festigkeiten sowie eine Verbesserung des Handlings dieser Strukturen kann auch hier durch ein Verlöten der Knotenpunkte erzielt werden. Dazu werden während des Webprozesses in Schussrichtung gleichzeitig Lotdrähte eingelegt. Diese schmelzen in einer anschließenden Wärmebehandlung und verlöten die Drahtknotenpunkte miteinander [43].

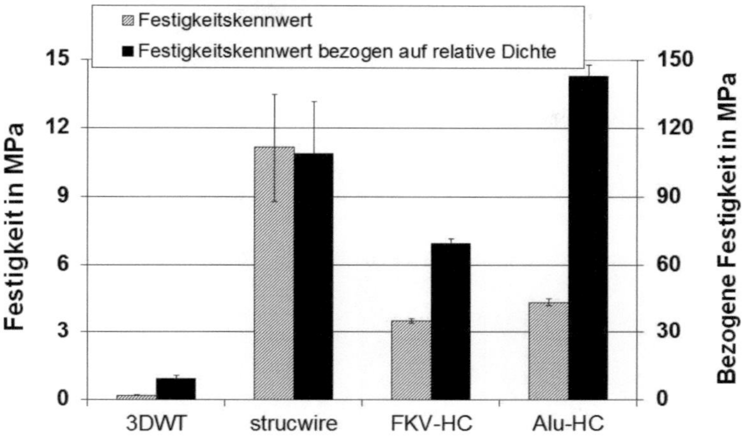

Abb. 3.18: Vergleich der absoluten und spezifischen Druckfestigkeiten von textilen Drahtstrukturen (3DWT-ECEMP, Standard, verlötet) mit „Strucwire“ Drahtstrukturen sowie Faserkunststoffverbunde (FKV-HC) und Aluminiumhoneycombstrukturen (Alu-HC) [21]

Eine mögliche Anwendung dieser Strukturen im Bereich des Leichtbaus stellen auch hier verlötete Sandwichelemente, wie sie in Abbildung 3.19 dargestellt sind, dar.

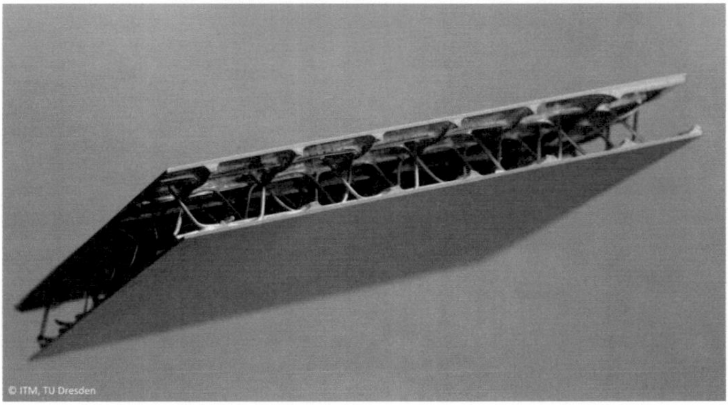

Abb. 3.19: Sandwichelement aus einer gewebten und verlöteten 3D-Drahtstruktur als Kernlage [6]

Des Weiteren ermöglicht das Verfahren die Herstellung spezieller Hybridgewebe, welche die Fixierung von zusätzlich eingewebten Verstärkungsfasern innerhalb von Gussprozessen, wie dem Druckguss gewährleisten können. Als Verstärkungsfaser würden hierbei vorranig hochmodulige Kohlenstoff- oder Aluminiumoxidfasern zum Einsatz kommen. Das Drahtgewebe fungiert hierbei als Stützgerüst, der zur Erhöhung der Formstabilität eingebrachten Fasern und hält diese während des turbulenten Druckgussvorganges in Position (siehe Abbildung 3.20) [42]. Diese Technologie ermöglicht es, Gussteile mit deutlich höheren Steifigkeiten, im Vergleich zur Leichtmetallgusslegierung herzustellen und eröffnet damit ganz neue Gestaltungsmöglichkeiten.

Abb. 3.20: 3D Drahtgewebe mit zusätzlichen Kohlenstofffasern zur Gussteilverstärkung

3.4 Eigenes Berechnungsmodell zur Abschätzung der Verstärkungswirkung einer „Strucwire“ verstärkten Magnesiummatrix

Im nachfolgenden Abschnitt soll die innerhalb dieser Arbeit durchgeführte theoretische Betrachtung, einer Drahtstruktur verstärkten Gussmatrix, dargestellt werden. Es werden die für die Energieabsorption relevanten Einflussgrößen und Mechanismen beschrieben sowie eine Abschätzung der zu erreichenden Verstärkungswirkung aufgezeigt.

Der hier verfolgte Ansatz einer Verstärkung liegt in der Ausnutzung der plastischen Drahtverformung im Falle einer Überbelastung der Magnesiumgussmatrix, in Form einer Armierung. Hierbei können das spröde Bruchverhalten (AZ91) und die geringe Bruchdehnung der Matrix durch das hohe Energieaufnahmevermögen der Drahtstruktur kompensiert werden. Neben der rein plastischen Verformung der Drähte, im Falle einer Schlagbelastung, wird bei guter Anbindung der Matrix an die Drahtoberfläche zusätzlich von einer Energieabsorption durch Delamination der Einzeldrähte entlang der Grenzfläche zwischen Drahtoberfläche und Magnesiummatrix ausgegangen. Dadurch kann die Gesamtenergieabsorption des Verbundes deutlich verbessert werden.

Eine Festigkeitssteigerung im Sinne einer Langfaserverstärkung ist für die betrachteten Drahtstrukturen nicht zielführend, da die Einzeldrähte keine Ausrichtung in Belastungsrichtung und eine zu geringe spez. Festigkeit aufweisen. Wie nachfolgende Abschätzung mittels einer vereinfachten und optimierten Annahme unter Anwendung der linearen Mischungsregel (Gleichung 2.1) verdeutlicht. Die eingebrachten Einzeldrähte werden idealisiert als gestreckte Langfasern angenommen. Der Einsatz von hochfesten Stahldrähten ist in diesem Fall ebenso nicht zielführend, da daraus keine Spiralen gefertigt werden können und der Gussprozess einen weichgeglühten Zustand einstellt.

Angenommene Parameter:

- Faservolumengehalt: $\Phi_F = 10$ % (bei einer offenzelligen Struktur mit 90 % Porosität)
- Faserfestigkeit: $\sigma_F = 650$ MPa (C50 Stahldraht, weichgeglüht)
- Matrixfestigkeit: $\sigma_M = 250$ MPa (üblicher Literaturwert für die Zugfestigkeit der AZ91 Magnesiumdruckgusslegierung [15])

Damit ergibt sich eine Verbundfestigkeit bei idealer Langfaserverstärkung von $\sigma_c = 290$ MPa. Der Zuwachs an Festigkeit beträgt in dieser Beispielrechnung nur ca. 14 % und zeigt, dass eine Langfaserverstärkung mit Stahldraht in Leichtmetallen kein hohes Potential birgt.

Für einen Verbundwerkstoff ist die Grenzfläche zwischen Verstärkungselement und Matrixmaterial von entscheidender Bedeutung. Sie hat maßgeblichen Einfluss auf die elastischen Konstanten, die mechanischen Eigenschaften und das Versagen des Verbundwerkstoffes. Die sogenannte Faser-Matrix-Haftung bestimmt hierbei das Rissausbildungsverhalten und damit den Versagensmechanismus des Verbundes. Eine schwache Bindung führt zur frühzeitigen Delamination und zu niedrigen Verbundfestigkeiten. Bei einer gut ausgeprägten Anbindung wird die Faser voll belastet, ohne dass sich die eingebrachten Drähte von dem Matrixmaterial ablösen. Dies ist vor allem dann wichtig, wenn möglichst hohe Zugkräfte vom Werkstoff aufgenommen werden sollen [45]. Des Weiteren kann es für eine Anwendung von Bedeutung sein, das Energieabsorptionsvermögen eines Werkstoffes durch eine eingebrachte Verstärkungsstruktur zu erhöhen. Hierfür ist die Grenzfläche zwischen Matrix und Verstärkungsfasern so zu gestalten, dass möglichst viel mechanische Arbeit an der Grenzfläche abgebaut werden kann. Hierzu sollte die Grenzflächenscherfestigkeit etwas unterhalb der Matrixscherfestigkeit liegen, um eine Grenzflächentrennung zu ermöglichen. Die Betrachtung der Verbundgrenzfläche stellt daher einen wichtigen Bestandteil, des im Projekt verfolgten Ansatzes dar.

Für den Experimentalteil dieser Arbeit wurden „Strucwire" Drahtstrukturen ausgewählt und deren verstärkende Wirkung auf die Schlagzähigkeitseigenschaften einer damit verstärkten Magnesiummatrix untersucht. Mit dem im nachfolgenden Abschnitt beschriebenen Berechnungsmodell wurde versucht, die für die Eigenschaften relevanten Parameter im System Drahtstruktur - Magnesiummatrix zu bestimmen. Als verstärkende Struktur wurde für die theoretische Betrachtung eine ideale „Strucwire" Drahtstruktur angenommen. Das Berechnungsmodell ermöglicht damit eine erste Abschätzung der zu erwartenden Bruchzähigkeit des Verbundes und gibt Aufschluss über die eigenschaftsbestimmenden Strukturparameter.

Basierend auf dem Modell zur Berechnung der Brucharbeit von metallfaserverstärkten keramischen Matrizes nach Pemberton u. a. [75] entstand das nachfolgende Modell zur Abschätzung der Bruchenergie einer 3D Drahtstruktur verstärkten Magnesiumgussmatrix.

Ausgehend von idealisierten runden Faserquerschnitten mit einem Faserradius von r stellt das Modell von Pemberton u. a. [75] den Anteil des „pull-out"-Effekts G_{cpo} an der Gesamtbrucharbeit entsprechend Gleichung (3.1) dar. Dabei wird die Gesamtheit der Faserquerschnitte mit der Mantelfläche der Faser entlang der Delaminationslänge x_o innerhalb der Matrix und der Grenzflächenscherfestigkeit τ_i multipliziert.

$$G_{\text{cpo}} = \frac{F}{2\pi r^2} \times \pi r x_o^2 \tau_i \tag{3.1}$$

Die wichtigsten Unterschiede, des hier diskutierten Systems, im Vergleich zu den Annahmen von Pemberton u. a. [75] sind, dass die Brucharbeit der Magnesiummatrix im Vergleich zur keramischen Matrix nicht vernachlässigbar ist und die Arbeit, welche bei der Delamination der Grenzflächenschicht zu leisten ist, einen sehr bedeutenden Anteil an der Gesamtarbeit erbringt.

Weitere Annahmen für das hier entwickelte Modell sind:

- optimale Anbindung der Oberflächen beider Werkstoffe innerhalb des Verbundwerkstoffes,
- homogener Werkstoffzustand,
- Matrix ohne Poren und
- plastische Verformung wird über eine definierte Länge aufgebracht.

Aus Vorversuchen ist bekannt, dass eine Verstärkungswirkung im Falle des Materialversagens der Leichtmetallmatrix allein durch die Drahtsektionen zwischen den Knotenpunkten der Drahtstruktur erfolgt. Diese stellen in einem Belastungsfall das schwächste Glied der Struktur dar. Die Drahtknoten werden hierbei als feste Haltepunkte der jeweiligen „Drahtenden" angesehen. Für eine Abschätzung der Verstärkungswirkung im Falle eines Matrixbruches wurde daher die gestreckte Länge einer Drahtspiralensektion zwischen zwei

Knoten unter Berücksichtigung der unterschiedlichen Drahtstrukturparameter berechnet. Anhand des Modells kann eine Wichtung der relevanten Bruchwerten in Abhängigkeit von den Drahtstrukturparametern, wie Drahtdurchmesser und Maschenweite aufgestellt werden. Alle Berechnungen wurden für Stahldrahtstrukturen durchgeführt.

Entsprechend der Abbildung 3.21 erfolgte die Berechnung des Knotenabstandes k_{m} wie folgt [1]:

$$k_{\mathrm{m}} = d + p - d_{\mathrm{a}}. \tag{3.2}$$

Aus dem mittleren Radius der „Maschenweite" einer Drahtstruktur r_{m} kann mittels des Winkelsegments α_{x} das Verhältnis zum Vollkreis ν_{x} wie folgt ermittelt werden:

$$r_{\mathrm{m}} = \frac{d_{\mathrm{a}} - d}{2} \tag{3.3}$$

$$\alpha_{\mathrm{x}} = 2 \times \arcsin\left(\frac{k_{\mathrm{m}}}{2 \times r_{\mathrm{m}}}\right) \tag{3.4}$$

$$\nu_{\mathrm{x}} = \frac{\alpha_{\mathrm{x}}}{360}. \tag{3.5}$$

Zum Verständnis sei noch angeführt, dass jede Windung drei Drahtknoten mit Stegen verbindet. Würden die Knoten theoretisch entfernt, blieben nur die Stege übrig, welche ca. das 2 x ν−fache der Windungen und somit auch das 2 x υ-fache der Masse der Struktur ausmachen. Wäre z.B. $\nu = 0,25$ bedeutet dies, dass ein Steg 25 % der Drahtwindungen einnimmt. Beim theoretischen Entfernen der Knoten würden ca. 50 % der Strukturmasse wegfallen.

[1]Geometrische Berechnungen/Betrachtungen mit Unterstützung durch G. Walter; KIESELSTEIN International GmbH

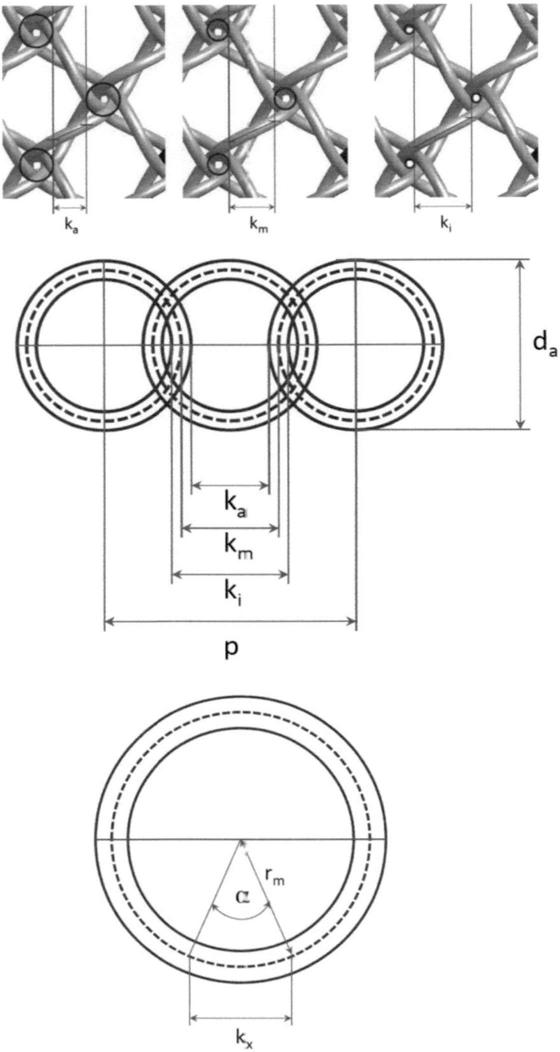

Abb. 3.21: Schematische Darstellung der Verbindungsknoten einer „Strucwire“- Drahtstruktur (Draufsicht) sowie der bei einem Bruch wirksamen Drahtsektionen zwischen diesen (oberes Bild); Schematisch vereinfachte Darstellung der Seitenansicht (mittleres Bild); Kreis zur Bestimmung notwendiger Berechnungsparameter (unteres Bild) [7]

Aus der gestreckten Länge einer Spiralwindung l_s lässt sich mittels Gleichung (3.5) die gestreckte Länge eines Bogenstücks l_{km} zwischen zwei Knoten (Gleichung 3.7) wie folgt berechnen[2]:

$$l_s = \sqrt{p^2 + (\pi \times (d_a - d))^2} \tag{3.6}$$

$$l_{km} = v_x \times l_s = \sqrt{p^2 + (\pi \times (d_a - d))^2} \times \frac{\arcsin\left(\frac{k_m}{d_a - d}\right)}{\pi} \tag{3.7}$$

Tabelle 3.3 gibt die Kenngrößen und Parameter von „Strucwire“ Drahtstrukturen verschiedener Maschenweiten zur Berechnung der belasteten Drahtsektionen (Gleichung 3.7) wieder.

Tab. 3.3: Drahtstrukturparameter zur Berechnung von l_{km}

Maschenweite [mm]	3	5	10
Drahtdurchmesser d [mm]	0,3	0,63	1,20
Drahtradius r [mm]	0,15	0,315	0,6
Spiralendurchmesser d_a[mm]	2,8	4,90	9,80
Steigung der Spiralen p[mm]	4,10	6,70	13,50
spezifische Dichte ρ_s [g/cm^3]	0,61	0,90	0,82
Porosität [%]	92,21	88,52	89,55
freie Drahtlänge k_m[mm]	1,6	2,43	4,90
mittlerer Spiralradius r_m[mm]	1,25	2,14	4,30
Winkel α_x[°]	79,58	69,37	69,47
Verhältnis zum Vollkreis ν_x	0,22	0,19	0,19
gestreckte Länge einer Spiralwindung l_s[mm]	8,86	14,99	30,20
gestreckte Länge des Bogenstücks l_{km}[mm]	1,96	2,89	5,83
Drahtvolumenanteil durch x-Stege [%]	0,44	0,39	0,39
Drahtvolumenanteil durch z-Säulen [%]	0,56	0,61	0,61
rechnerische Strukturporosität ohne Anteil z-Säulen [%]	95,7	92,9	93,6

Nachfolgende Gleichung (3.8) gibt eine Abschätzung der zur Trennung des Verbundwerkstoffs zu leistenden Arbeit G_c wieder. Die Brucharbeit G_c setzt sich dabei aus drei Teilen zusammen. Zum einen aus der plastischen Verformungsarbeit der Drahtsektionen zwischen den Knoten G_p (Gleichung 3.9), dem Anteil der Grenzflächentrennung (durch Scherung) zwischen Draht und Matrix G_d (Gleichung 3.10) sowie aus der Brucharbeit des Matrixmaterials G_M selbst. Für die Abschätzungsrechnungen wurde entsprechend der späteren Versuche eine drahtstrukturverstärkte Bruchfläche von $90\,mm^2$ angenommen, da die verwendeten Drahtstrukturen eine Höhe von $3\,mm$ und eine Breite von $30\,mm$ aufwiesen. Die Dicke der abgegossenen Verbundgussproben betrug werkzeugbedingt 5 mm. Des Weiteren wurde für die Berechnung die Anzahl der wirksamen Fasern (Drähte) F innerhalb der Bruchfläche für die jeweilige Maschenweite bestimmt. Für die effektiv wirksame Faserlänge wurde ein Faktor von 0,25 (vgl. Gleichung 3.10) festgelegt.

[2]Geometrische Berechnungen/Betrachtungen mit Unterstützung durch G. Walter; KIESELSTEIN International GmbH

$$G_c = G_p + G_d + G_M \tag{3.8}$$

$$G_p = F \times W_{\text{Draht}} \times \left(\frac{l_{\text{km}}}{1000}\right) \tag{3.9}$$

$$G_d = F \times 2 \times \pi \times r \times l_{\text{km}} \times \tau_{\text{AZ91}} \times \left(0,25 \times \frac{l_{\text{km}}}{1000}\right) \tag{3.10}$$

Zur Berechnung des plastischen Verformungsanteils der belasteten Drähte wurde die Brucharbeit der Einzeldrähte (W_{Draht}) mit der Gesamtanzahl der Drähte (F) in einem wirksamen Verbundprobenquerschnitt multipliziert (Gleichung 3.9). Die Brucharbeit der Einzeldrähte wurde durch Zugversuche bestimmt und auf die Prüflänge bezogen. Für den Zugversuch wurden die Einzeldrähte vor der Prüfung bei 1000 °C weichgeglüht, um dem Zustand nach dem Löten bzw. Einguss zu entsprechen. Geprüft wurden Drähte der Stahlgüte C50 mit den Durchmessern $d = 0,3\,mm$ und $0,63\,mm$. Die Bestimmung der Brucharbeit erfolgte über die Ermittlung des Flächeninhaltes unter der Kraft-Weg-Kurve bis zum Bruch. Jeder Wert entspricht einem Mittel aus 5 Proben. Für die Berechnung des Anteils der Brucharbeit durch Delamination, entlang einer optimal ausgebildeten Grenzfläche zwischen Verstärkungsfaser und Matrix, wurden entsprechend der Gleichung (3.10) die Mantelflächen der gestreckten Drahtbogenstücke zwischen zwei Drahtknoten mit der Anzahl der Drähte in einer Verbundprobenbruchfläche multipliziert. Als theoretisch höchste Grenzflächenscherfestigkeit zwischen Drahtoberfläche und Matrixwerkstoff kann die Scherfestigkeit der Matrix selbst angenommen werden.

Zur Bestimmung der Scherfestigkeit des Matrixmaterials wurden aus Druckgussproben Stifte mit einen Durchmesser von 4 mm und einer Länge von 22 mm herauspräpariert und in einem genormten Scherversuch nach DIN EN 28749 geprüft. Auf die Gesamtbruchfläche bezogen ergab dies eine mittlere Scherfestigkeit des Matrixmaterials τ_{AZ91} von ca. 150 MPa. Für die Abschätzung wurde ein Faktor von 0,25 für die effektiv wirksame Faserlänge festgelegt. Die Brucharbeit der Matrix wurde mittels eines Schlagpendelfallhammerversuchs (Kerbschlagversuch) an ungekerbten Gussproben der Geometrie $70\,mm \times 30\,mm \times 5\,mm$ bestimmt und beträgt für die hier untersuchte Magnesiumdruckgusslegierung (AZ91 Warmkammer), je nach Porosität, G_{M}= 4 - 6 J.

Tab. 3.4: Berechnete Anteile der Brucharbeit von Drahtstruktur verstärkten Magnesiumdruckgussmatrizes; G_{p}: plastische Drahtverformung; G_{d}: Grenzflächendelamination

Maschenweite [mm]	3	5	10
Anzahl Drähte pro Bruchfläche (90 mm^2)	44	13	3
Drahtmanteloberfläche [mm^2]	1,8	5,7	22
l_{km}[mm]	1,96	2,89	5,83
wirksame Drahtlänge; Faktor: 0,25 [mm]	0,5	0,7	1,5
G_{p}[J]	**0,45**	**1,03**	**-**
G_{d} [J]	**12**	**23**	**90**

Tabelle 3.4 gibt die aus dem Berechnungsmodell ermittelten Anteile der Brucharbeit in Abhängigkeit der verwendeten Maschenweite drahtstrukturverstärkter Verbundgussproben wieder. Es zeigt sich, dass die Delamination der Verstärkungsstruktur entlang der Verbundwerkstoffgrenzfläche den größten Einfluss auf die theoretisch mögliche Brucharbeit des Verbundwerkstoffes ausübt. Damit ist G_d der dominierende Faktor in der Gesamtbrucharbeit und die gestreckte Länge eines Bogenstücks l_{km} zwischen zwei Knoten hat den größten Einfluss auf die Brucharbeit G_d. Wesentliche Einflussfaktoren sind die Verwendung eines größeren Drahtdurchmessers und damit einer größeren Maschenweite der Struktur, wodurch gleichzeitig die Mantelfläche des verwendeten Drahtes steigt. Zusammenfassend heißt das, dass mit steigender Maschenweite eine größere Brucharbeit erreicht werden kann.

Für eine Magnesiummatrix mit einer Brucharbeit von 4 J kann so eine Steigerung der Brucharbeit, unter Verwendungen von Strukturen der Maschenweite 5 mm, um bis zu 700 % im Vergleich zur unverstärkten Magnesiummatrix abgeschätzt werden.

Da dies ein Verbesserungspotential darstellt, wurden zum Verständnis viele Grundlagenuntersuchungen zu Grenzflächenreaktionen zwischen Magnesiumlegierung und beschichteten Stahlsubstraten durchgeführt, um für den späteren Verbundgussprozess eine möglichst hohe Grenzflächenfestigkeit zu erzielen (siehe Kapitel 4).

Zur besseren Nachvollziehbarkeit sei noch erwähnt, dass die berechneten Werte einen optimalen Verbundwerkstoff mit ausschließlich gestreckten Drähten berücksichtigen. Das heißt, dass die realen Bruchenergien immer geringer ausfallen werden. Die berechneten Werte würden im optimalen Fall und nur im ersten Moment der Materialtrennung auftreten und berücksichtigen nicht die in Realität auftretenden geringeren Reibkräfte beim Drahtauszug.

4 Experimentelle Untersuchungen

Um die Anbindung zwischen unlegierten Stahlverstärkungsstrukturen und der Magnesium-Druckgusslegierung AZ91 experimentell zu untersuchen, wurden zunächst Modellversuche mit beschichteten Stahlstangen vorgenommen. Anhand dieser Versuchsproben konnten Erkenntnisse, der an der Grenzfläche stattfindenden Reaktionen, ermittelt und die erzielten Grenzflächenscherfestigkeiten untereinander verglichen werden. Zielführende Beschichtungen wurden auf die Drahtstrukturen übertragen und im Druckguss sowie Kokillenguss mit der Magnesiumlegierung umgossen. Am Ende dieser Betrachtungen konnten die ermittelten massenspezifischen Schlagarbeiten mit den für die einzelnen Gießverfahren relevanten Prozessbedingungen in Verbindung gesetzt und bewertet werden. Des Weiteren wurde aus den gewonnenen Erkenntnissen eine generell gültige Design-Empfehlung sowie eine Prüfmethodik für den Verbundguss abgeleitet.

4.1 Modellversuch: Kokillenguss mit beschichteten Stahlstangen

Zur Untersuchung der stofflichen Anbindung der Verbundpartner wurde ein Versuchsaufbau entwickelt, der eine gezielte Untersuchung und Bewertung der Grenzflächen und Anbindungsqualitäten erlaubt. Da Eisen so gut wie keine Löslichkeit für Magnesium aufweist, ist für den erwünschten Stoffschluss zwischen der Magnesiumgussmatrix und der Stahloberfläche eine zusätzliche Beschichtung des Einlegeteils notwendig. Als Beschichtungen wurden sowohl höher als auch niedrig schmelzende metallische Überzüge verwendet, welche durch galvanische oder chemische Metallabscheidungsprozesse aufgebracht wurden. Als Gussmatrix diente die Magnesiumdruckgusslegierung AZ91 (9 m-% Aluminium, 1 m-% Zink). Unlegierte Stahlstangen der Güte C45 wurden als Substratmaterial verwendet. Kernpunkt der Untersuchungen war die Bewertung der einzelnen Beschichtungen in Hinblick auf die stoffliche Anbindung zwischen Stahloberfläche und Magnesiumlegierung, um damit Rückschlüsse auf die Umsetzbarkeit im späteren Druckgussprozess zu erhalten.

Als Versuchsaufbau diente ein angepasster Schwerkraftkokillenguss in dem die verschieden beschichteten Stahlstangen mit der Magnesiumlegierung AZ91 umgossen wurden. Zur Bestimmung der Verbundfestigkeit diente ein Ausdrückversuch, welcher an flachen Scheibenproben vorgenommen wurde. Diese Proben wurden aus den Verbundgussstäben herauspräpariert. Hauptbestandteil der Arbeiten war die Untersuchung und Bewertung der stoffschlüssigen Anbindung der Komponenten in Abhängigkeit von den Einflussparametern, wie Gusstemperatur, Beschichtungsmaterial, Schichtdicke sowie einer möglichen nachträglichen Wärmebehandlung.

4.1.1 Versuchsaufbau

Zur Untersuchung der Grenzflächenreaktion wurde ein Versuchsaufbau, wie in Abbildung 4.1 dargestellt, realisiert. Hierbei konnten die beschichteten Stahlstäbe durch eine Probenhalterung zentriert und über die mit der Magnesiumlegierung AZ91 gefüllten Stahlkokillen positioniert werden. Nach dem Erreichen der Versuchstemperatur wurden die Probenstangen, welche bis dahin durch einen Elektromagneten am oberen Ende der Probenhalterung festgehalten wurden, durch Ausschalten des Magneten in die induktiv erwärmte Magnesiumschmelze fallen gelassen. Anschließend erfolge die Abkühlung des Systems durch freie Konvektion. Als Kokillen dienten einfache Stahlrohre mit verschlossenem Boden. Die Temperaturverteilung während der Erwärmung wurde mit zwei Thermoelementen bestimmt.

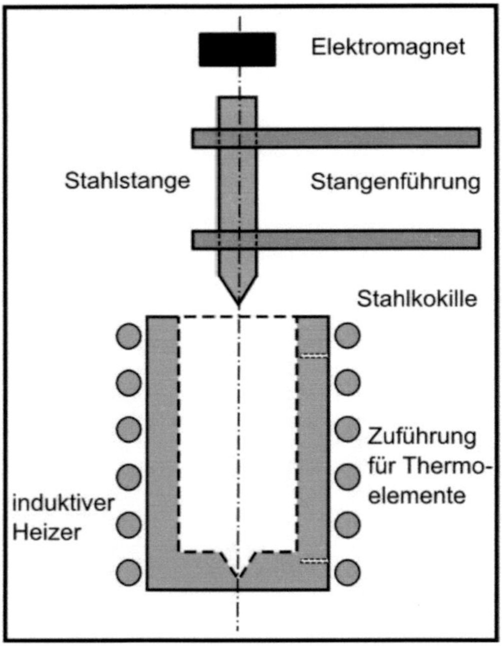

Abb. 4.1: Schematische Darstellung des Versuchsaufbaus für die Modell-Eingussversuche beschichteter Stahlstäbe

Für die Versuchsplanung wurden Simulationsrechnungen mittels einer Microsoft-Excel Rechenroutine [1] zur Abschätzung der notwendigen geometrischen Versuchsprobenabmessungen durchgeführt. Dies diente der Realisierung einer möglichst raschen Erstarrung der Grenzfläche, um den Abkühlgeschwindigkeiten im späteren Druckgussprozess möglichst zu entsprechen. Aus diesen Berechnungen konnten Erkenntnisse über den zu verwendenden Kokillendurchmesser, die Wandstärke der Kokille sowie den Stahlstabdurchmesser abgeschätzt werden. Neben den konstanten Größen der verwendeten Materialien wie Dichte,

[1] Berechnungen durchgeführt mittels eines Rechenmodells, erstellt durch Dr. Synowzik (IFAM-Dresden)

Wärmekapazität und Wärmeleitfähigkeit wurden die Startgrößen wie die Temperatur der Magnesiumschmelze, Kokillenwandstärke und der Außendurchmesser der Kokille variiert. Als Resultat dieser Simulationsrechnungen wurden Stahlkokillen mit einem Innendurchmesser von 10 mm und einer Wandstärke von 2 mm für die Versuche ausgewählt. Der Stahlstangendurchmesser wurde mit 6 mm festgelegt. Abbildung 4.3 zeigt den berechneten Temperaturverlauf an der Grenzfläche zwischen Stab und Magnesiumschmelze sowie die Randtemperatur an der Außenwand der Kokille für eine Temperatur der Magnesiumschmelze von 640 °C mit nicht vorgewärmtem Stahlstab. Eine schematische Darstellung des Wärmestromverlaufs eines Probenquerschnittes während der Abkühlung ist in Abbildung 4.2 dargestellt.

Somit konnte abgeschätzt werden, dass die Temperatur der Schmelze beim Eintauchen des Stabes in einer Sekunde um etwas mehr als 100 °C sinkt und sich der Stahlstab gleichzeitig auf mehr als 500 °C erwärmt. Nach der Temperaturangleichung kühlt sich der gesamte Versuchsaufbau durch Abgabe von Wärmestrahlung und durch Wärmeleitung gleichmäßig ab. In dem Berechnungsmodell ist für die Abkühlung nur der deutlich kleinere Anteil der Wärmeleitung zwischen Kokillenwand und der umgebenden Argonatmosphäre berücksichtigt worden, jedoch nicht die Wärmestrahlung mit der Umgebung. Durch diesen Aufbau konnten zwei wichtige Voraussetzungen für die hier zugrundeliegende Zielstellung realisiert werden. Zum einen eine möglichst rasche Erstarrung der Schmelze und zum anderen der Beginn der Erstarrung an der zu betrachtenden deutlich kälteren Stahlstaboberfläche. Wäre die Kokillenwand unterkühlt würde die Erstarrung an dieser beginnen und einen Schrumpfspalt an der zu untersuchenden Grenzfläche zwischen Stahlkern und Magnesiummatrix erzeugen. Der Grund hierfür ist der etwa doppelt so hohe Ausdehnungskoeffizient von Magnesium im Vergleich zu Eisen.

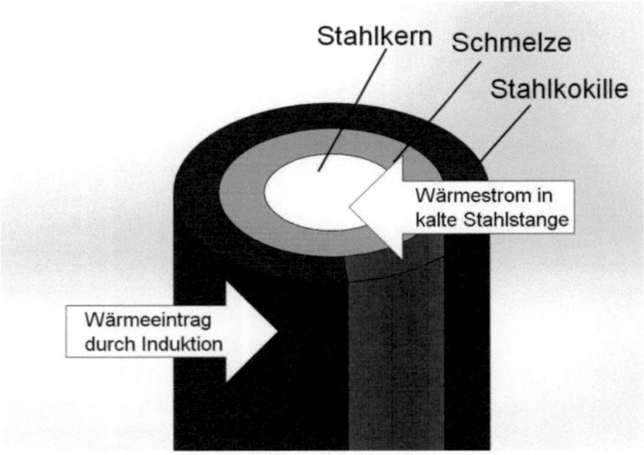

Abb. 4.2: Schema des Versuchsprobenquerschnitts mit angegebener Wärmestromrichtung (Abkühlprozess)

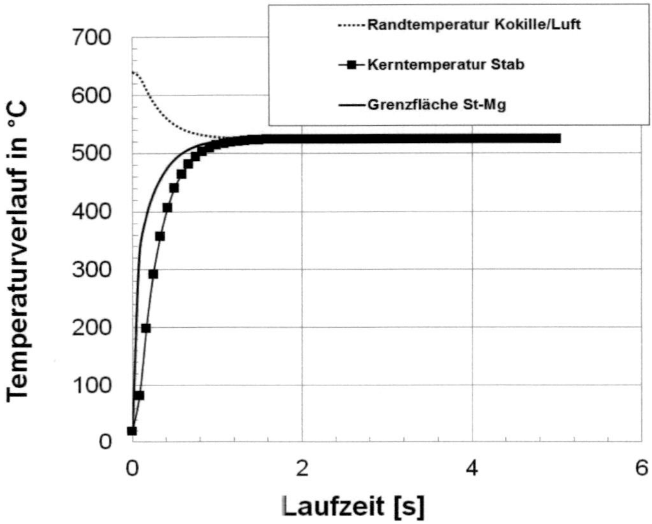

Abb. 4.3: Berechneter Temperaturverlauf in Abhängigkeit von der Zeit für eine Modellprobe beim Abkühlen durch freie Konvektion nach dem Umgussversuch mit 640 °C

Für die Gussversuche wurden die Stahlrohre am Boden durch eine Stahlscheibe verschlossen, sodass diese mit der Magnesiumschmelze befüllt werden konnten. Des Weiteren wurden die Rohrböden rohrinnenseitig mit einer mittig eingebrachten konischen Bohrung versehen, um die an einem Ende angespitzten Stahlstangen beim Einsinken zu zentrieren. Das Aufschmelzen der Magnesiumlegierung erfolgte in einer druckdichten Kammer, in der die Kokille induktiv erwärmt werden konnte. Der obere Versuchsaufbau mit Stahlstange blieb bei dem Aufheizprozess unbeeinträchtigt, da er sich oberhalb der Induktionsspule befand. Für den Einguss wurden die beschichteten Proben in die Versuchshalterung eingesetzt und anschließend in die Gießkammer überführt. Die Gießkammer wurde vor jedem Versuch durch mehrmaliges Evakuieren und Fluten der Kammer mit Argon von Raumluft befreit. Die Versuche selbst wurden unter einem Argondruck von ca. 400 mbar durchgeführt. Nach dem Erkalten der Proben konnten aus der Probenmitte jeweils sechs Probenscheiben mit einer Dicke von 3 mm durch Abdrehen und Fräsen herauspräpariert werden. Jeweils eine Probe diente der metallografischen Untersuchung der Grenzfläche des Verbundwerkstoffes, die anderen fünf Proben wurden zur Bestimmung der Grenzflächenscherfestigkeit verwendet. Abbildung 4.4 zeigt eine Versuchsprobe sowie eine herauspräparierte Scheibenprobe nach dem Gussversuch.

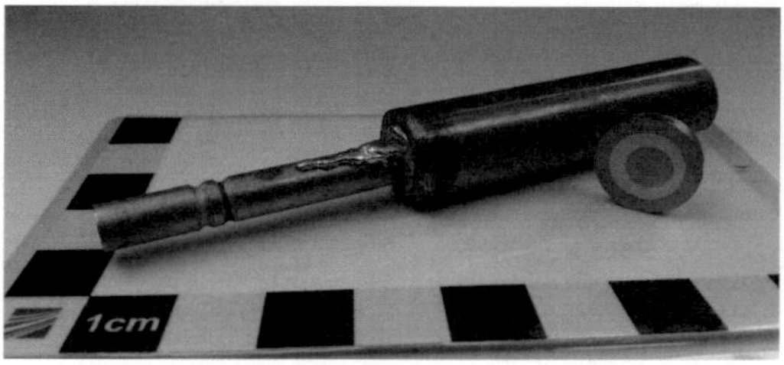

Abb. 4.4: Verbundgussprobe mit herauspräparierter Scheibenprobe nach dem Gussversuch

4.1.2 Probenmatrix

Nach Hinweisen aus der Fachliteratur und auf der Basis von Zustandsdiagrammen (siehe Abschnitt 2.10) wurden Beschichtungen ausgewählt, welche auf die Stahlstangen in verschiedenen Schichtdicken aufgebracht und bei unterschiedlich hohen Gusstemperaturen mit der AZ91 Legierung umgossen wurden. Nachfolgende Tabelle 4.1 gibt das Versuchsprogramm wieder. Die Gusstemperaturen wurden angelehnt an typische Druckgusstemperaturen mit 620 °C, 640 °C und 660 °C gewählt.

Tab. 4.1: Metallische Beschichtungen und Schichtdicken für die Modellumgussversuche

Beschichtung	Schichtdicke [µm]
keine	-
sandgestrahlt	-
Kupfer	1; 8; 15; 30
Kupfer + Silber	5 + 7
Nickel	3,5; 10; 12; 18
chem. Nickel	3,5; 7,5
Miralloy® (Cu/Sn/Zn)	5
Feuerverzinkt	60
galvanisch verzinkt	2,5; 6,5
Zinn (Sn)	5

Der Auftrag der Beschichtungen erfolgte über die galvanische oder chemische Metallabscheidung. Darüber hinaus wurden Versuche mit feuerverzinkten Proben durchgeführt. Die Schichtdicken wurden anhand von Querschliffen oder durch eine Schichtdickenmessung mittels Röntgenfluoreszenzmessung direkt beim Beschichter bestimmt. Bedingt durch das jeweilige Verfahren sind die angegebenen Werte als Mittelwerte zu verstehen. Es wurde versucht vergleichbare Schichtdicken unter den verschiedenen Beschichtungen zu erzeugen, was bedingt durch den individuellen Prozess und die vielen Einflussfaktoren (Spannung, Geometrie, Beschichter) nicht immer gelang. Bei der Multilayerbeschichtung (Cu+Ag) ist bewusst auf eine Variation der Schichtdicke verzichtet worden, um den Probenumfang gering zu halten. Bei der konventionellen Miralloy-Beschichtung, bei der ein kombinierter Auftrag von Kupfer, Zink und Zinn erfolgt, beträgt die maximale Schichtdicke verfahrensbedingt ca. 5 µm und wurde daher nicht variiert. Die Feuerverzinkung wurde in einer regionalen Feuerzinkerei durchgeführt und erbrachte die angegebene Zinkschichtdicke von ca. 60 µm auf den Probenstäben. Des Weiteren erfolgten Versuche mit zwei unterschiedlich dick beschichteten, galvanisch verzinkten Probenchargen, um einen Vergleich zu den feuerverzinkten Proben zu erbringen.

4.2 Untersuchung der Verbundgussproben - Grenzflächenanalyse

Zur Untersuchung der Verbundgusszonen kamen neben lichtmikroskopischen Aufnahmen auch rasterelektronische Aufnahmen unter Zuhilfenahme eines EDX-Detektors zur Bestimmung der Elementzusammensetzung sowie Mikrohärteuntersuchungen zum Einsatz. Des Weiteren wurden die mechanischen Festigkeiten der Verbundzonen untersucht, um Rückschlüsse auf die Grenzflächenreaktionen und Verbundmechanismen zu erhalten.

4.2.1 Mechanische Grenzflächencharakterisierung - Ausdrückversuche an Scheibenproben

Zur Bewertung der Qualität der stofflichen Anbindung der Verbundpartner wurden aus den umgossenen Stabproben dünne Probenscheiben mit einer Dicke von 3 mm aus der Stabmitte herauspräpariert. Mittels einer eigens dafür hergestellten Ausdrückvorrichtung konnten die Stahlkerne durch einen gehärteten Ausdrückstempel (Dorn) aus dem umgossenen Magnesiummantel ausgedrückt und die dazu notwendige Kraft bestimmt werden. Die Probenscheiben wurden durch einen Positionierungsring gehalten und auf einem Zylinder (Bodenplatte mit Loch) mittig unter dem Dorn hohlgelegt. Die Prüfung selbst wurde an einer Universalprüfmaschine der Firma Hegewald und Peschke Mess- und Prüftechnik GmbH des Typs Inspect table 100 mit einer konstanten Prüfgeschwindigkeit von 0,5 mm/s durchgeführt. Als Vorkraft wurden 5 N aufgebracht. Abbildung 4.5 zeigt die Ausdrückvorrichtung in ihren Einzelteilen, den Prüfaufbau sowie eine Verbundgussprobe nach dem Versuch mit ausgedrücktem Stahlkern. Die Wegmessung erfolgte optisch über ein Video-Extensometer der Firma Limess (Typ VIC 20). Je Probentyp wurden 5 Proben aus den Verbundgussstangen herauspräpariert und geprüft.

Abb. 4.5: Ausdrückvorrichtung (links), Prüfaufbau (mitte) sowie eine Verbundgussprobe nach erfolgter Prüfung (rechts)

4.2.2 Lichtmikroskopie

Zur Kontrolle der Anbindungsqualität der jeweiligen Proben wurden zuerst ungeätzte, metallographische Querschliffe aus den herauspräparierten Scheibenproben angefertigt und diese mittels eines Auflichtmikroskops des Typs Reichert Mefa 4A der Firma Leica AG untersucht. Eine ungenügende oder fehlende Anbindung z.B. durch Spaltbildung bei der Abkühlung konnte somit recht einfach festgestellt werden.

4.2.3 Rasterelektronenmikroskop - EDX Elementanalyse

Zur Bestimmung der entstandenen Phasen sowie zum Nachweis von Diffusion, der an der Grenzflächenreaktion beteiligten Elemente, wurden an ausgewählten Quersschliffen Untersuchungen mit einem Rasterelektronenmikroskop des Typs Evo 50 der Firma Zeiss AG durchgeführt. Neben der hochaufgelösten Bildgebung der Verbundzone durch Sekundär- und Rückstreuelektronen erfolgte ebenso eine Analyse der Elementverteilung durch Punktanalysen und Mappings mittels eines adaptierten EDX-Spektrometers des Typs INCAx-sight der Firma Oxford Instruments plc.

4.2.4 Mikrohärte

Zur Bestimmung der Härte grenzflächennaher Bereiche der untersuchten Stabproben wurden Härteprüfungen mit Nanoindenter an einem Triboindenter TI 950 der Firma Hysitron Inc. durchgeführt. Die geringen Eindrückkräfte im Bereich zwischen 30 nN - 10 N ermöglichen kleinste Härteeindrücke von nur wenigen Mikrometern Ausdehnung und erlauben es somit, auch Materialhärten von Gefügebereichen oder Phasen zu bestimmen. Die Positionierung des Nanoindenters erfolgt über eine hochauflösende Optik. Als Härte wird die Eindringhärte H_{IT} in GPa bestimmt, welche ein Maß für den Werkstoffwiderstand gegenüber einer bleibenden Verformung oder Schädigung darstellt. Sie ist der Quotient aus maximal wirkender Kraft und projizierter Kontaktfläche. Das Verfahren ermöglicht ebenso die Bestimmung des sogenannten Eindringmoduls E_{IT}. Der elastische Eindringmodul ist mit dem Elastizitätsmodul vergleichbar (nach DIN [3]).

4.3 Praxisnahe Untersuchung

Entsprechend den Erkenntnissen aus den Voruntersuchungen wurden Strucwire Drahtstrukturen aus unlegiertem C50 Stahldraht mit metallischen Überzügen versehen und im Druckgussverfahren sowie im Kokillenguss mit der Magnesiumleichtmetallschmelze AZ91 umgossen. Die Verbundgussproben wurden auf ihre Bruchzähigkeit geprüft sowie ausgewählte Verbundzonen mittels licht- und elektronenmikroskopischen Analysemethoden untersucht.

4.3.1 Versuchsdurchführung - Druckgussversuche

Für die Druckgussversuche wurden Drahtstrukturen der Maschenweite 3 mm und 5 mm mit metallischen Beschichtungen versehen und umgossen. Neben galvanisch verkupferten, vernickelten und verzinkten Strukturen kamen ebenso Strukturen mit einer speziellen Kupfer/Zinn/Zink-Beschichtung mit dem Handelsnamen Miralloy® sowie chemisch vernickelte Strukturen zum Einsatz. Teilweise erfolgte auch ein Tempern der Gussteile zum Zwecke der Anbindung.

Abb. 4.6: Warmkammer Druckgussmaschine Typ DAM 315F der Firma Oskar Frech GmbH & Co. KG [8]

Die Versuche wurden auf einer Warmkammer Druckgussmaschine des Typs DAM 315F (siehe Abbildung 4.6) der Firma Oskar Frech GmbH & Co. KG ohne Formraumevakuierung durchgeführt. Die Gießtemperatur der Schmelze wurde mit 660 °C gewählt, der Kolbendruck betrug 130 bar bei einem Kolbendurchmesser von 91,5 mm und einer Kolbengeschwindigkeit von 2,5 m/s. Die Schließzeit des Werkzeugs nach dem Guss wurde mit 5 Sekunden eingestellt und die Formhälften vor jedem Schuss mit Trennmittel eingesprüht. Die Formtemperatur betrug ca. 250 °C. Die Form zur Herstellung der Prüfkörpergeometrie wurde in ein bestehendes Druckgusswerkzeug eingefräst und hatte die Abmessungen $140\,mm \times 70\,mm \times 30\,mm$. Aus den so hergestellten Probekörpern konnten jeweils zwei Proben mit einer Länge von 70 mm für die Schlagpendelversuche herauspräpariert werden. Die Probenbreite wurde mit 30 mm festgelegt, um mindestens 5 Zellen Drahtstrukturen zu umgießen. Die Dicke der Struktur resultiert aus der Zellgeometrie. In Abbildung 4.7 sind die beiden Formhälften der verwendeten Druckgussform zur Probenkörperherstellung dargestellt.

Die so vorbereiteten Drahtstrukturen wurden in der Form auf zwei dünne und in die Form integrierte Stifte aufgesteckt, um sie in Position zu halten. In Abbildung 4.8 sind eine verkupferte Drahtstruktur vor dem Gussversuch sowie eine Verbundgussprobe exemplarisch dargestellt. Des Weiteren zeigt Abbildung 4.9 Drahtstrukturen verschiedener Maschenweite mit einfacher und doppelter Drahtanzahl, wie sie für die Gussversuche Verwendung fanden. Zu Vergleichszwecken erfolgten Eingussversuche auf einer Kaltkammermaschine des Typs SC N/66 der Firma Bühler AG. Die Formkammer wurde dazu vor dem Guss evakuiert und auf 250 °C vorgewärmt.

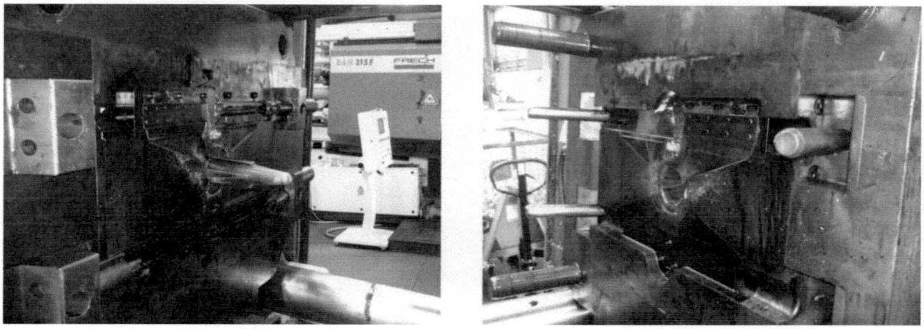

Abb. 4.7: Druckgussform für die Verbundgussherstellung mit fester (links) und beweglicher (rechts) Formhälfte

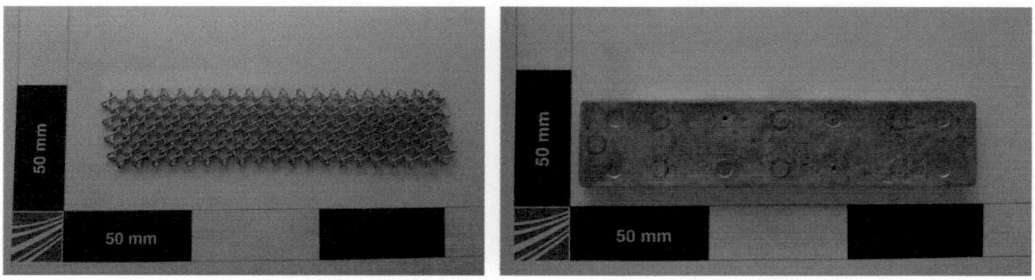

Abb. 4.8: verkupferte Drahtstruktur der Maschenweite 5 mm (links), Verbundgussprobe (rechts)

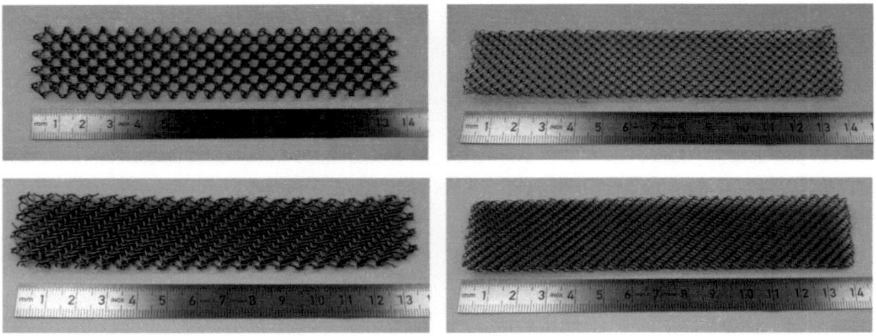

Abb. 4.9: Drahtstrukturen verschiedener Maschenweite und Zelldichten für die Umgussversuche (links: Maschenweite 5 mm, rechts: Maschenweite 3 mm; die unteren Bilder zeigen Strukturen mit doppelter Drahtanzahl)

4.3.2 Versuchsdurchführung - Kokillenguss

Als Vergleichsverfahren zum Druckguss mit seinen sehr kurzen Prozesszeiten wurden Versuchsproben mittels Schwerkraftkokillenguss hergestellt. Dazu wurde eine Stahlkokille, entsprechend der Abbildung 4.10, zur zeitgleichen Herstellung von zwei Verbundgussproben angefertigt.

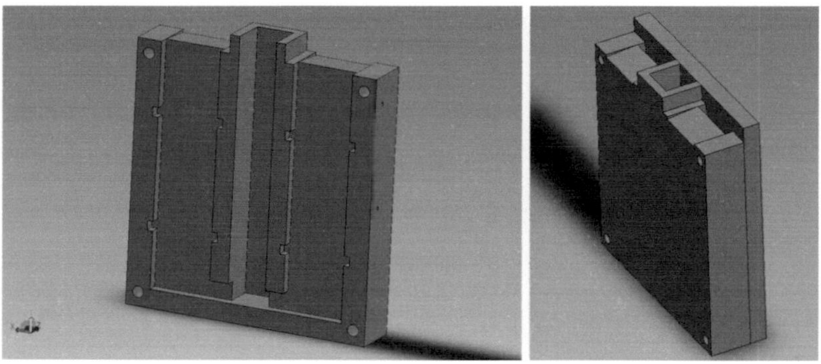

Abb. 4.10: CAD Modell der Versuchskokille

Die Formfüllung erfolgte durch einen steigenden Guss mit Befüllung der Form von oben. Die Füllung der 5 mm starken Kavitäten wurde durch einen integrierten Füllkanal mit einem Querschnitt von 20 mm realisiert. Zur Erzeugung einer guten Oberflächenqualität wurden die vorbereiteten und auf Maß gebrachten Einlegeproben durch Abstandsspangen in Position gehalten (siehe Abbildung 4.11). Dadurch ergab sich ein etwa 1 mm dicker Spalt auf der Ober- und Unterseite der 4 mm starken Drahtstrukturen, welche von der

Magnesiumschmelze gut infiltriert werden konnten. Für den Versuch wurden ebenfalls die metallischen Schichten auf den Stahldrahtstrukturen variiert, um deren Einfluss auf die Anbindungsqualitäten zu untersuchen. Als Versuchsproben kamen neben Drahtstrukturen der Maschenweite 5 mm auch unterschiedlich starke Stahllochbleche sowie Stahlstreckmetallgitter und Stahlgewebe zum Einsatz, um deren Verstärkungswirkung in Bezug auf die Schlagarbeit zu untersuchen (siehe Abbildung 4.12). Nachfolgende Tabelle 4.2 gibt Geometrien sowie Material der verwendeten Einlegestrukturen wieder. Alle Einleger hatten eine gleiche Abmessung von ca. $60\,mm \times 30\,mm$.

Tab. 4.2: Abmessungen und Material der Stahleinlegstrukturen

Typ	Dicke [mm]	Lochgröße [mm]	Material
Lochblech (grob)	2	8	1.4301
Lochblech (fein)	0,9	1	1.4301
Streckmetall (grob)	1	1,2	C-Stahl
Streckmetall (fein)	0,5	1	C-Stahl
Drahtgewebe	3,15	> 4	1.4301

Abb. 4.11: Versuchskokille mit eingelegten verkupferten Stahldrahtstrukturproben

Vor jedem Abguss wurde die Kokille mittels induktiver Heizung auf eine Temperatur von 520 °C gebracht. Die Temperatur der verwendeten AZ91 Magnesiumschmelze betrug jeweils 660 °C. Nach der vollständigen Füllung der Form erfolgte ein unterstütztes Abkühlen der Kokille durch das seitliche Auflegen einer wassergekühlten und plangeschliffenen Kupferplatte. Die so erzielte Abkühlzeit der Kokille von einer Temperatur von 520 °C auf 350 °C betrug ca. 5 Minuten, wodurch ein zu starkes Grobkornglühen unterdrückt werden konnte. Die Abkühlrate von der Gusstemperatur bis auf 350 °C entspricht damit immer noch ca. 1/60 im Vergleich zum Druckgussprozess. Im Vergleich dazu betrug die Abkühlzeit für den gleichen Temperaturbereich ohne aktive Kühlung etwa 20 Minuten. Die Gussversuche selbst erfolgten in einer mit Argon gefüllten Gießkammer.

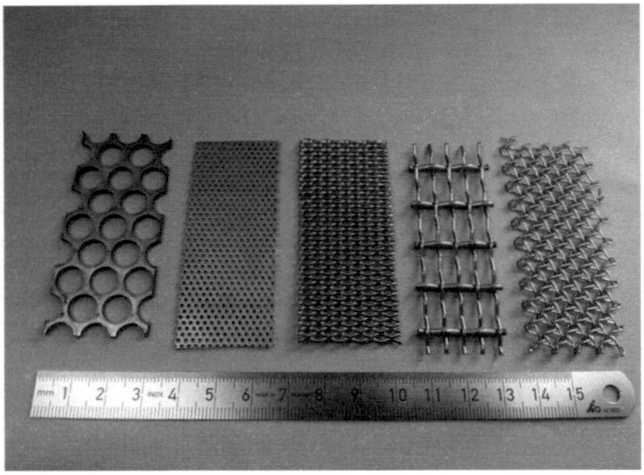

Abb. 4.12: Verschiedene Stahleinlegestrukturen für den Verbundguss mittels des Kokillengussverfahrens

4.3.3 Mechanische Charakterisierung der Verbundgussproben

Zur mechanischen Werkstoffcharakterisierung der Verbundgussstrukturen wurden die Proben in einer Pendelschlaghammervorrichtung zur Bestimmung der Schlagarbeit geprüft. Die Prüfung wurde mit ungekerbten Proben der Geometrie $70\,mm \times 30\,mm \times 5\,mm$ durchgeführt. Damit erfolgte diese nicht nach der DIN-Norm. In Abbildung 4.13 sind die Prüfvorrichtung sowie eine zerschlagene Verbundgussprobe dargestellt. Auf ein Einkerben der Proben wurde verzichtet, um die eingebrachte Verstärkung nicht zu schädigen. Es sei somit darauf hingewiesen, dass die ermittelten Werte nicht mit Standards vergleichbar sind und ein Vergleich der Proben dadurch nur untereinander möglich ist.

Abb. 4.13: Pendelschlaghammerprüfeinrichtung (links), Verbundgussprobe nach der Prüfung (rechts)

4.3.3.1 Röntgenographische Untersuchung von Verbundgussproben

Zur Bestimmung des Füllverhaltens bei der Herstellung der Verbundgussproben wurden an einigen Proben Röntgenaufnahmen mit einer Grobstrukturröhre des Typs ERESCO 42 MF der Firma Rich. Seifert & Co. Röntgenwerk GmbH & Co. KG aufgenommen. Die Auflösungsgrenze lag bei etwa 200 µm.

4.3.3.2 Grenzflächenanalyse der Druckgussproben

Entsprechend den Untersuchungen an den Stab-Modellprüfkörpern (siehe Abschnitt 4.2.3) erfolgten auch an den Verbundgussproben Untersuchungen des Grenzflächenbereichs zwischen Stahldrahtoberfläche und Magnesiummatrix durch Bildgebung und Elementanalyse.

5 Auswertung und Diskussion

5.1 Auswertung der Modellversuche

Im Folgenden soll auf die Ergebnisse der umgossenen Musterproben und deren Verbundwerkstoffgrenzflächen im Detail eingegangen werden. Als Referenzproben dienten unbeschichtete Stahlstäbe, welche erwartungsgemäß durch einen fehlenden Materialverbund keine technisch relevanten Festigkeitswerte erzielen konnten. Sandgestrahlte Proben wiesen innerhalb der Versuchsreihen unerwartet die niedrigsten Grenzflächenfestigkeiten auf. Mikroskopische Untersuchungen bestätigten die Vermutung, dass unbeschichtete Stahloberflächen an der Grenzfläche zum Matrixmetall einen ausgeprägten Spalt aufwiesen und somit erkennbar keine stoffliche Anbindung oder Benetzung erfolgte. Im Gegensatz dazu konnten für viele beschichtete Probenstangen höhere oder sogar signifikant höhere Grenzflächenscherfestigkeiten gemessen werden.

Zur Ermittlung der Grenzflächenscherfestigkeit, der mit der AZ91 Magnesiumlegierung umgossenen Stabproben, wurden die im Ausdrückversuch ermittelten Druckkräfte unter Einbeziehung der Stahlstabmantelfläche in die entsprechenden Spannungen umgerechnet. Die ermittelten Scherspannungen in Abhängigkeit von Beschichtung, Schichtdicke und Umgusstemperatur sind im folgenden Abschnitt dargestellt. Jeder Wert entspricht dabei dem Mittelwert aus fünf geprüften Scheibenproben eines Gussversuchs. Die zugehörigen Standardabweichungen sind als Fehlerbalken eingezeichnet. Die licht- und rasterelektronenmikroskopischen Aufnahmen sowie Härteuntersuchungen und Elementverteilungen dienen der Erklärung der ermittelten Werte und Erkenntnisse. Als Maximalwert der erreichbaren Scherfestigkeit kann die Scherfestigkeit des Matrixmaterials von ca. 150 MPa genannt werden.

5.1.1 Galvanisch verkupferte Stahlsubstrate

Abbildung 5.1 zeigt alle ermittelten Grenzflächenscherfestigkeiten verkupferter Stahlproben. Mit Ausnahme der chemisch verkupferten Proben (Schichtdicke von ca. 1 µm) wurden alle Schichten galvanisch aufgebracht. Der Einfluss der Beschichtungsdicke und der Gießtemperatur sind deutlich zu erkennen. Nachfolgend soll auf die erzielten Messwerte im Detail eingegangen werden.

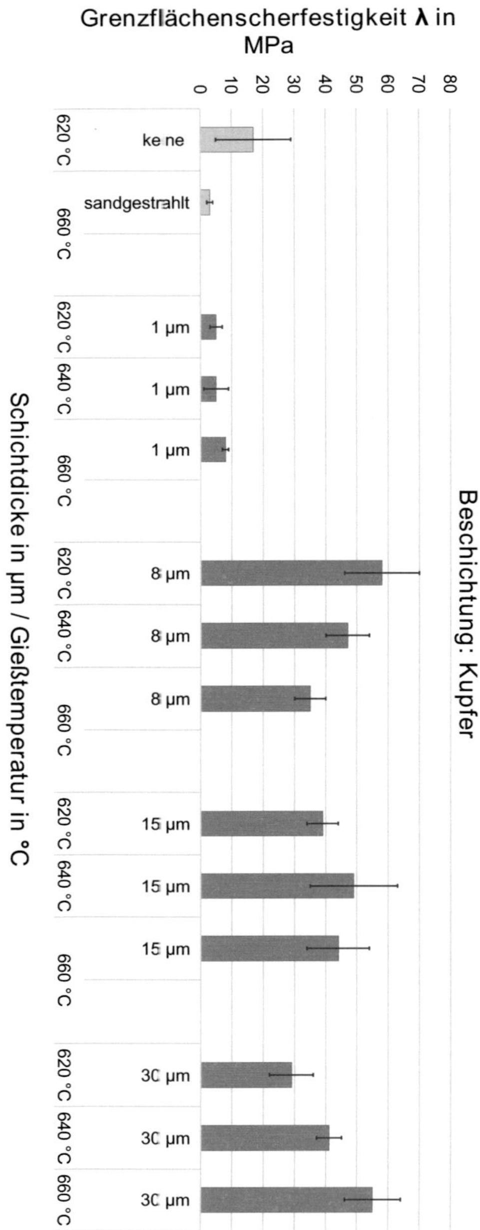

Abb. 5.1: Grenzflächenscherfestigkeiten verkupferter Stahlstäbe nach dem Umguss mit der Magnesiumlegierung AZ91 in Abhängigkeit von der Schichtdicke und der Umgusstemperatur; Vergleich mit unbeschichteten Referenzproben (links)

Abb. 5.2: Grenzflächenbereich einer ca. 1 µm chem. verkupferten Stahlstabprobe nach dem Umgussversuch mit AZ91, LM-Aufnahme

Abbildung 5.2 zeigt exemplarisch eine lichtmikroskopische Aufnahme eines Grenzflächenbereichs einer chemisch verkupferten Stahlprobe nach dem Umguss. Der deutlich zu erkennende Spalt zeigt, dass es nicht zu einer stofflichen Anbindung zwischen der Beschichtung und der Magnesiumlegierung gekommen ist. Als Grund kann eine für den Prozess zu geringe Schichtdicke angenommen werden, welche direkt beim Eintauchen des Probenstabes in die Schmelze abgespült oder aufgelöst wurde und es deshalb zu keiner Benetzung zwischen Schmelze und Stahloberfläche kommen konnte.

In der zweiten Versuchsreihe mit einer Kupferschichtdicke von ca. 8 µm ist ein Abfall der gemessenen Festigkeiten mit zunehmender Schmelzetemperatur zu erkennen (siehe Abbildung 5.3). Als Grund konnte eine teilweise schlecht ausgeprägte Grenzfläche, vor allem für Proben mit einer Eingusstemperatur von 640 °C und 660 °C festgestellt werden. Licht- und rasterelektronenmikroskopische Aufnahmen wurden daher für weitere Analysen herangezogen. Hierbei konnte z.B. eine nicht vollständig aufgeschmolzene Kupferschicht auf der Stahloberfläche nach dem Gussversuch bei einer Gusstemperatur von 640 °C aufgezeigt werden, welche auf einen ungenügenden Wärmeeintrag hindeutet (siehe 5.3). Demgegenüber konnte für Proben mit einer Eingusstemperatur von 660 °C eine vollständig aufgelöste Kupferschicht mit teilweise ausgeprägten Rissen entlang der Grenzfläche festgestellt werden, die den starken Festigkeitsabfall dieser Probenreihe erklärt. Eine mögliche Ursache dieser Risse kann in der Bildung spröder intermetallischer Phasen gefunden werden. Eine Überlagerung mit thermischen und mechanischen Spannungen kann als mögliche Ursache der Anrissbildung genannt werden.

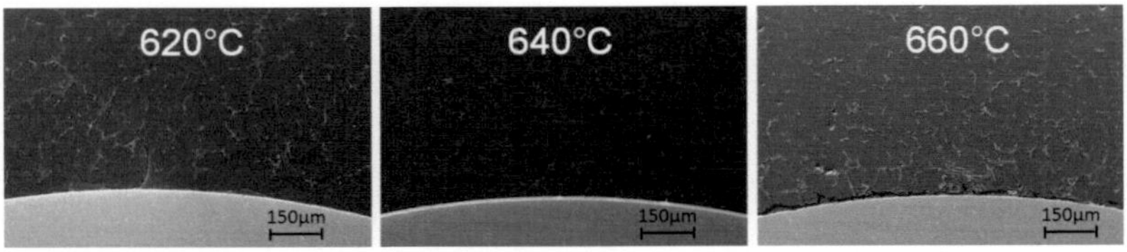

Abb. 5.3: Grenzflächenbereich galv. verkupferter Stahlstabproben mit einer aufgebrachten Schichtdicke von ca. 8 µm nach dem Umgussversuch mit AZ91, SE-REM-Aufnahmen

Des Weiteren kann in den Versuchsreihen mit höheren Schichtdicken ein Trend hin zu steigenden Verbundfestigkeiten bei erhöhter Schmelzetemperatur vermerkt werden. In den Abbildungen 5.4 und 5.5 sind für zwei dieser Verbundgussproben beispielhaft REM-Aufnahmen von Grenzflächenbereichen dargestellt. Zu erkennen ist der gute stoffliche Verbund zwischen Stahloberfläche und Magnesiumlegierung. Ebenso ist bei allen Proben die aufgebrachte Kupferschicht, selbst bei hohen Schichtdicken, nach dem Gussversuch nicht mehr zu identifizieren, was auf eine vollständige Reaktion mit der Schmelze schließen lässt. Hierfür sprechen auch die deutlich zu erkennenden Ausscheidungen im Gussgefüge, welche in Abbildung 5.4 besonders deutlich zu erkennen sind.

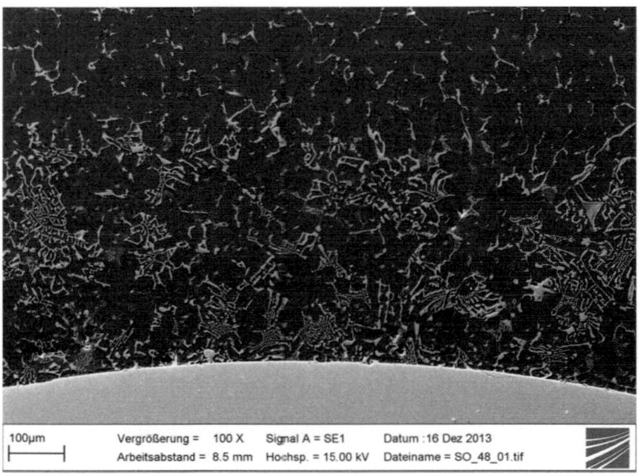

Abb. 5.4: Grenzflächenbereich einer galvanisch verkupferten Stahlstabprobe mit einer aufgebrachten Schichtdicke von ca. 15 µm nach dem Umgussversuch mit AZ91 bei einer Schmelzetemperatur von 640 °C, SE-REM-Aufnahme

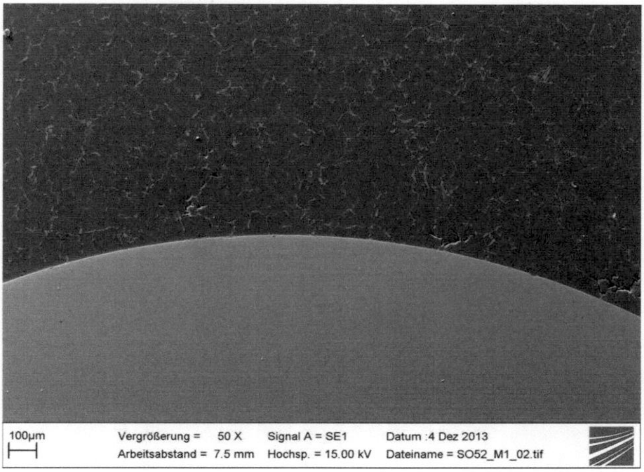

Abb. 5.5: Grenzflächenbereich einer galvanisch verkupferten Stahlstabprobe mit einer aufgebrachten Schichtdicke von ca. 30 µm nach dem Umgussversuch mit AZ91 bei einer Schmelzetemperatur von 660 °C, SE-REM-Aufnahme

Eine Verteilung der an der Reaktion beteiligten Elemente, wie in Abbildung 5.6 dargestellt, verdeutlicht den Auflösungsprozess des Kupfers in der Magnesiumschmelze. In dem gezeigten Beispiel handelt es sich um eine Probe mit einer Schichtdicke von etwa 30 µm, welche mit einer 660 °C heißen Schmelze umgossen wurde. Deutlich zu erkennen ist die Reaktion des gelösten Kupfers der Beschichtung mit dem Aluminium der geschmolzenen AZ91 Legierung. Die gebildeten Phasen sind nach der Erstarrung der Matrixlegierung deutlich als Ausscheidungen im Gefügebild zu erkennen (siehe Abbildung 5.7). Bedingt durch diese Reaktion und die demzufolge gute Benetzung zwischen Kupferschicht und AZ91 Legierung konnte eine stoffliche Anbindung der Verbundpartner realisiert werden. Eine Phasenanalyse mittels Röntgenbeugung (XRD) erbrachte die Erkenntnis, dass neben der α-Phase aus Mg-Al Mischkristallen eine zusätzliche intermetallische Phase aus den Elementen Mg-Al-Cu mit einem hohen Kupferanteil gebildet wurde.

Entgegen der Vermutung war eine exakte Zuordnung der beobachteten Phase zu der legierungstypischen γ-Phase ($Mg_{17}Al_{12}$) oder der aus dem Zustandsdiagramm erwarteten eutektischen Phase Mg_2Cu nicht möglich. Die detektierte Mg-Al-Cu Phase konnte keiner der genutzten Datenbanken zugeordnet werden. Als Datenbanken dienten die Pearsons Crystal Data (Stand 2011) sowie die ICDD-PDF-2 Realease (Stand 2009). Ein Hinweis auf den intermetallischen Charakter dieser Phase ist das komplexe Gitter mit einem Gitterparameter von über 14 Angström (etwa 4-mal so groß wie die Legierungselemente selbst) und die dadurch sehr große Elementarzelle.

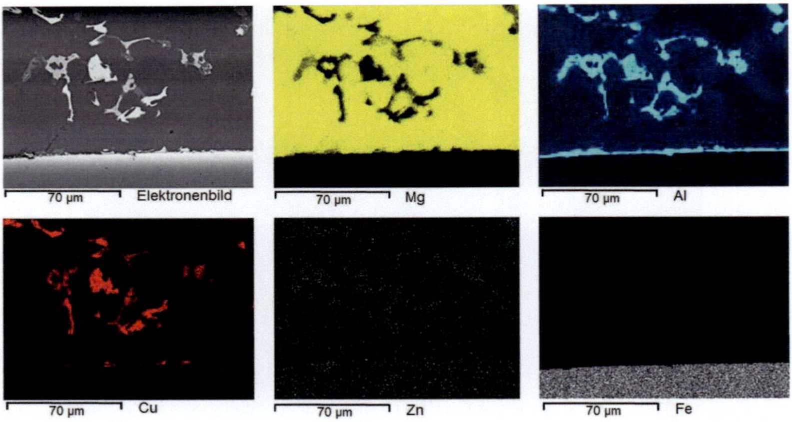

Abb. 5.6: EDX-Mapping eines Grenzflächenbereichs einer verkupferten Stahlstabprobe mit 30 µm Schichtdicke nach dem Umgussversuch mit AZ91 bei 660°C

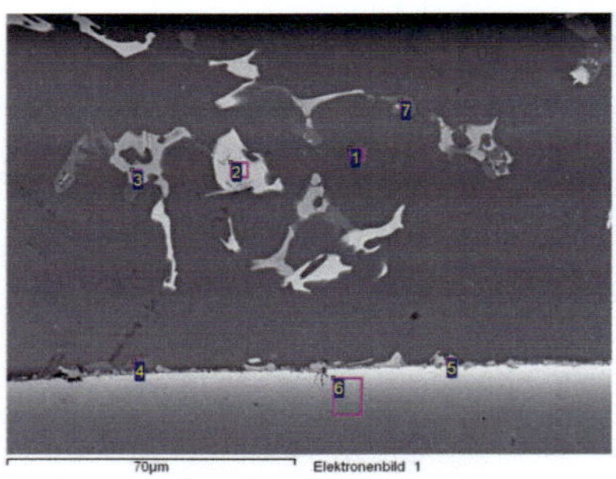

Position	Mg	Al	Mn	Fe	Cu	Zn
1	94	5	-	-	-	1
2	22	23	0,5	0,5	52	2
3	32	34	0,5	-	28	5,5
4	59	34	-	1	-	6
5	27	27	3	4,5	36	2,5
6	-	-	0,5	99,5	-	-
7	56	34,5	-	-	2,5	7

Alle Resultate in Massen-%

Abb. 5.7: BSE-REM Aufnahme mit Punktanalyse eines Grenzflächenbereichs einer verkupferten Probe (30 µm) nach dem Umguss mit AZ91 bei einer Schmelzetemperatur von 660 °C unter Angabe der gemessenen Elementzusammensetzung; helle Bereiche stellen kupferreiche Phasen innerhalb der Matrix dar

Die Härtemessungen an den Phasen in der Gussmatrix unterstreichen diese Vermutung. Abbildung 5.8 zeigt die mittels der Nanoindentermethode gemessenen Härtewerte eines Phasenbereiches einer konventionellen AZ91 Gussmatrix mit typischer γ-Phase im Vergleich zu einer kupferreichen Phase einer Verbundgussprobe. Der Vergleich zeigt eine um ca. 50 % höhere Härte der gebildeten Mg-Al-Cu Phase im Vergleich zur γ-Phase.

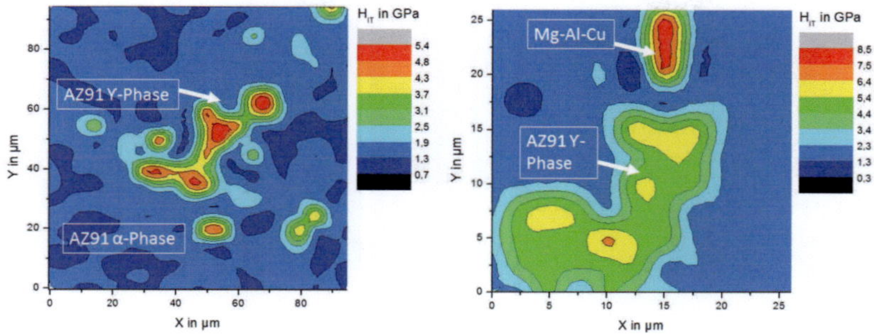

Abb. 5.8: Eindringhärten einer konventionellen AZ91 Matrix mit γ-Phase (links), untersuchter Gefügebereich einer kupferreichen AZ91 Matrix mit Mg-Al-Cu Phasen hoher Härte (rechts)

Des Weiteren konnte festgestellt werden, dass sich Phasenbereiche aus Mg-Al-Zn mit erhöhtem Zinkgehalt (bis zu 8 m-%) parallel ausbildeten, was auf ein verändertes Verhältnis zwischen Aluminium und Zink in der AZ91 Legierung zurückzuführen ist. Diese zinkreichen Phasen sind bekannt und beschrieben in Braszczyñska-Malik [24]. Die damit verbundene Substitution des Aluminiums durch Zink sowie Kupfer führt demnach zu einer veränderten Stöchiometrie der sonst für die AZ91 Legierung so typischen γ-Phase.

Aus der gesamten Versuchsreihe kann geschlussfolgert werden, dass für verkupferte Stahlproben eine um den Faktor 2,5 gesteigerte Grenzflächenfestigkeit im Verbundguss mit der Magnesiumlegierung AZ91, unter den hier zu Grunde liegenden Versuchsbedingungen zu erzielen ist. Weiterhin kann der Einfluss der Schmelztemperatur sowie der Schichtdicke auf das erzielte Festigkeitsniveau als untergeordnet eingestuft werden. Vielmehr ist für eine erfolgreiche stoffliche Anbindung die Qualität der Versuchsdurchführung und eine Mindestschichtdicke von ca. 5 µm für eine ausreichend lange Benetzung der bewegten Schmelze bis zu ihrer Beruhigung wichtig.

5.1.2 Galvanisch verkupferte/versilberte Stahlsubstrate

Eine weitere Beschichtungsvariante bestand aus einer ca. 5 µm dicken Kupferschicht auf die nachfolgend eine ca. 7 µm starke Silberschicht abgeschieden wurde. Dieser Beschichtungsaufbau wurde so gewählt, um eine mit einem eutektischen Kupfer-Silber-Lot verlötete Drahtstruktur experimentell nachzuempfinden. Eine derartige Schichtkombination setzt die Schmelztemperatur eines konventionellen Kupferlotes von ca. 1100 °C auf ca. 800 °C herab. Des Weiteren ist eine gute Benetzbarbeit der Silberschicht für Magnesiumschmelzen und eine Löslichkeit beider Metalle sowohl füreinander als auch für Magnesium und Aluminium als Hauptlegierungselement der verwendeten Leichtmetallschmelze bekannt. Die mit dieser Schicht erzielten Grenzflächenscherfestigkeiten sind in der nachfolgenden Abbildung 5.9 grafisch dargestellt.

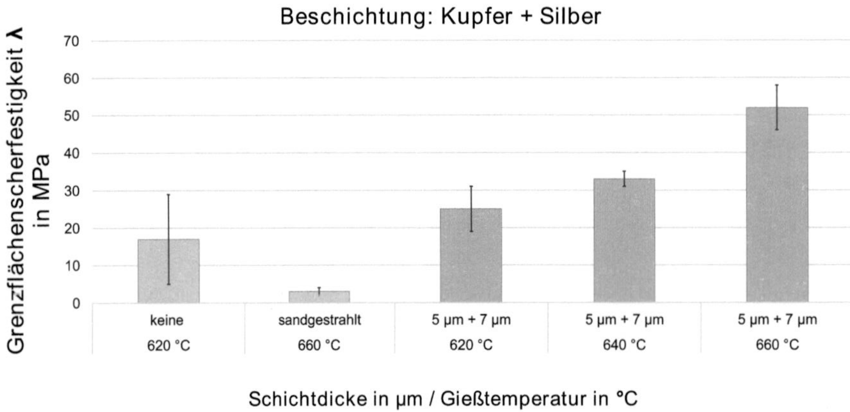

Abb. 5.9: Grenzflächenscherfestigkeiten verkupferter + versilberter Stahlstäbe nach dem Umguss mit der Magnesiumlegierung AZ91 in Abhängigkeit von der Gießtemperatur; Vergleich mit unbeschichteten Referenzproben (links)

Wie zu erwarten steigen die Verbundfestigkeiten an der Materialgrenzfläche mit steigender Gießtemperatur und damit steigender Reaktions- bzw. Diffusionskinetik. Ein Beispiel der Grenzflächen zeigen die SE-REM Aufnahmen in Abbildung 5.10. Die Temperatur der Schmelze für diesen Versuch betrug ca. 600 °C. Optisch gleicht das Gussgefüge dieser Proben sehr stark denen verkupferter Versuchsproben.

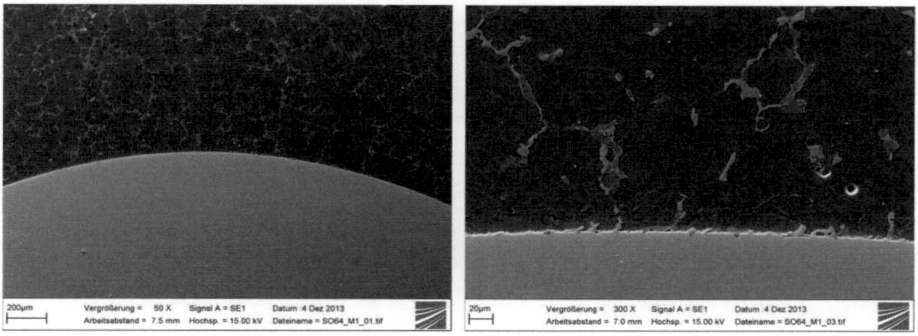

Abb. 5.10: Grenzflächenbereich einer galvanisch verkupferten und versilberten Stahlstabprobe mit einer aufgebrachten Gesamtschichtdicke von ca. 12 µm nach dem Umgussversuch mit AZ91 bei einer Schmelzetemperatur von 660 °C; verschiedene Vergrößerungen, SE-REM-Aufnahmen

Auch hier kommt es zur vollständigen Auflösung der Beschichtung durch die Reaktionen mit der Leichtmetallschmelze. Betrachtet man die Elementverteilung, der an der Grenzflächenreaktion beteiligten Elemente, sind zu den verkupferten Proben deutliche Parallelen zu erkennen. Ein entsprechendes EDX-Mapping der Probe ist in Abbildung 5.11 dargestellt. Wie schon bei den verkupferten Proben ist auch hier eine bevorzugte Reaktion zwischen dem Kupfer und dem Aluminium der Schmelze zu beobachten. Neben diesen Phasen zeigt das Mapping Bereiche mit einem lokal erhöhten Anteil an Silber und Aluminium. Diese Bereiche werden im BSE-REM Bild mit einer höheren Helligkeit, bedingt durch die größeren Ordnungszahlen der Elemente, wiedergegeben. In Abbildung 5.12 sind die dazu gemessenen Eindringhärten eines Phasenbereichs dargestellt. Ähnlich den verkupferten Proben zeigt auch diese Untersuchung eine deutliche Zunahme der Härte im Vergleich zur reinen AZ91 Gussmatrix.

Auch mit dieser Beschichtung konnte ein stoffschlüssiger Verbund der Partner realisiert werden. Die maximalen Verbundfestigkeiten innerhalb dieser Versuchsreihe lagen etwa 2,5-mal so hoch wie die von unbehandelten Referenzproben und entsprechen somit den verkupferten Versuchsproben.

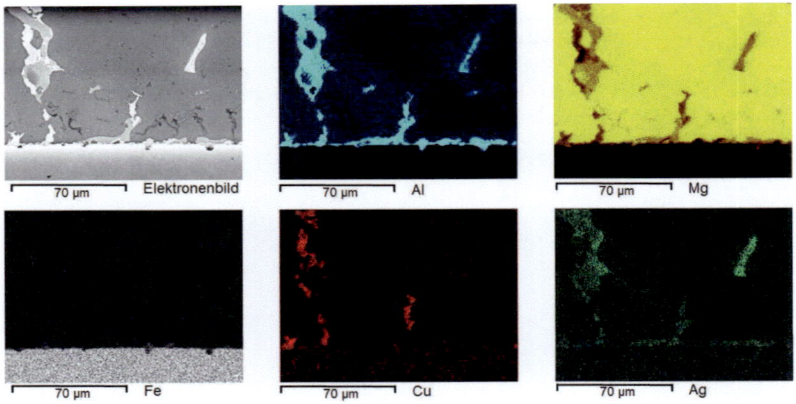

Abb. 5.11: EDX-Mapping eines Grenzflächenbereichs einer galvanisch verkupferten und versilberten Stahlstabprobe mit einer Gesamtschichtdicke von ca. 12 µm nach dem Umgussversuch mit AZ91 bei einer Schmelzetemperatur von 660 °C, BSE-REM Aufnahme (links oben)

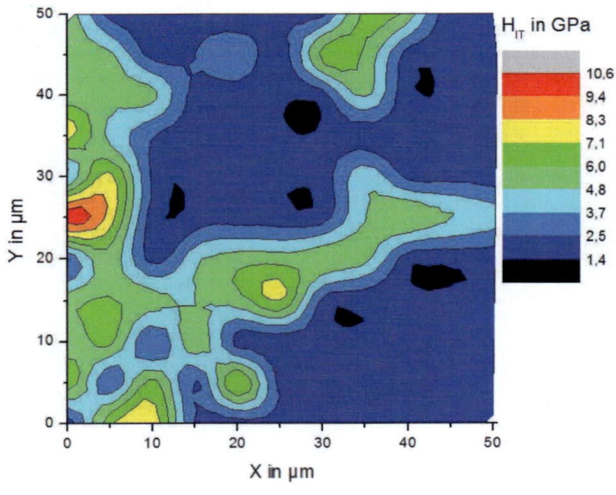

Abb. 5.12: Eindringhärten eines Gefügebereiches der Gussmatrix einer Ag/Cu beschichteten Verbundgussprobe in der Nähe der Grenzfläche

5.1.3 Galvanisch vernickelte Stahlsubstrate

Die galvanische Vernickelung als kommerziell verfügbares Beschichtungsverfahren von Stählen wurde aufgrund des Reaktionspotenzials mit den Legierungselementen der Leichtmetallschmelze in das Versuchsprogramm mit aufgenommen und bewertet. Abbildung 5.13 zeigt die dabei erzielten Grenzflächenscherfestigkeiten von Scheibenproben nach dem Ausdrückversuch in Abhängigkeit von der Schichtdicke sowie der Umgusstemperatur.

Zu erkennen ist ein Anstieg der Festigkeitswerte mit erhöhter Temperatur der Schmelze, was auf eine verstärkte Reaktion und damit eine ausgeprägtere Grenzfläche hinweist. Somit wurden die höchsten Grenzflächenscherfestigkeiten jeweils bei einer Umgusstemperatur von 660 °C erreicht. Des Weiteren liegt das Festigkeitsniveau für Proben mit höheren Schichtdicken (10 µm sowie 18 µm) etwa 30 % unter denen mit einer geringen Schichtdicke. Aus den Versuchsergebnissen folgt, dass bereits eine dünne Nickelschicht für eine gute Benetzung zwischen Schmelze und Stahloberfläche sorgt und trotzdem eine hohe Stabilität für den Umgussprozess bietet. Bei höheren Schichtdicken werden Reaktionszonen an der Grenzfläche ausgebildet, welche neben eutektischen Phasen auch spröde intermetallische Bereiche bilden und damit zum Herabsetzen der Grenzflächenfestigkeiten führen.

Abbildung 5.14 zeigt rasterelektronenmikroskopische Aufnahmen von Grenzflächenbereichen zweier Proben mit stark unterschiedlichen Beschichtungsdicken. Bei der dargestellten Abbildung mit geringer Schichtdicke (linkes Bild) ist ein Unterwandern der Restnickelschicht, durch die Magnesiumschmelze zu erkennen. Eine dickere Nickelschicht bleibt im Gegensatz dazu erhalten und führt zu einer vergrößerten Reaktionszone (rechtes Bild). Das Elementmapping eines Grenzflächenbereichs einer Probe mit dünner Nickelschicht ist in Abbildung 5.15 wiedergegeben. Deutlich ist die Reaktion der Restnickelschicht mit dem Aluminium der Magnesiumlegierung zu erkennen. Des Weiteren ist die Unterwanderung durch die Magnesiumschmelze und die Ausbildung eines dünnen Nickel-Aluminium-Reaktionssaumes an der Stahloberfläche zu erkennen. Da es in diesem Fall nicht zur Ausprägung unerwünschter und breiter Sprödphasenbereiche kommt, kann dies als ein Grund für die besonders hohen Festigkeiten gesehen werden. In Abbildung 5.16 ist beispielhaft eine BSE-REM Aufnahme eines Grenzflächenbereiches mit Elementverteilung dargestellt. Aus der Darstellung kann entnommen werden, dass sich in der Reaktionszone Nickelaluminidphasen der Zusammensetzung NiAl (erscheinen als helle feine Kristallite; z.B. Punkte 3 und 7) sowie Ni_5Al_3 (Position 5) bilden, welche verspródend wirken und zu einer Rissbildung an der Grenzfläche führen können.

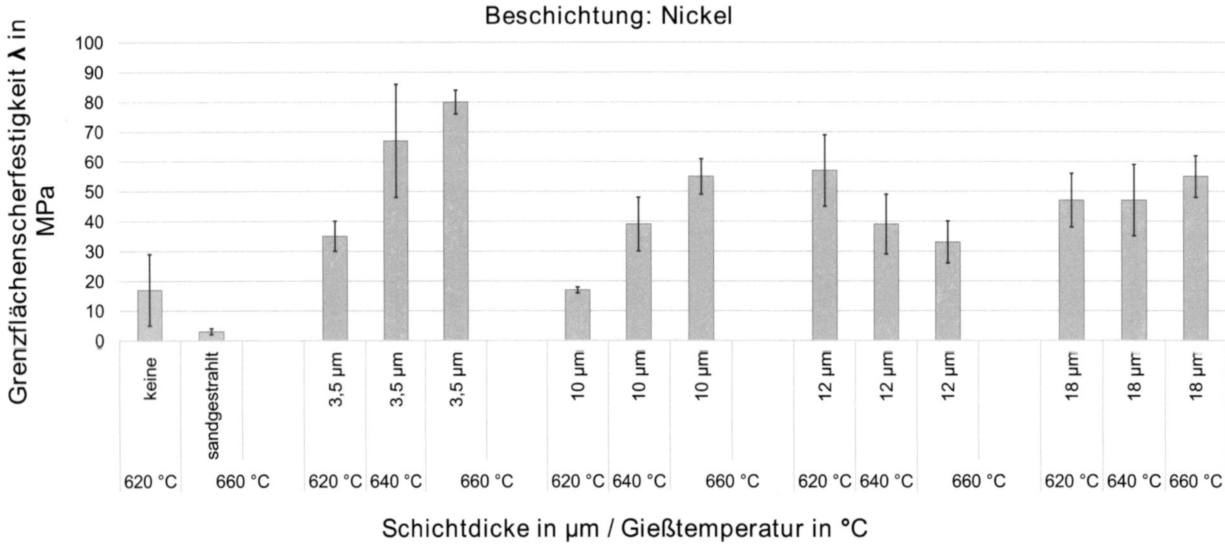

Abb. 5.13: Grenzflächenscherfestigkeiten vernickelter Stahlstäbe nach dem Umguss mit der Magnesiumlegierung AZ91 in Abhängigkeit von der Schichtdicke und der Gießtemperatur; Vergleich mit unbeschichteten Referenzproben (links)

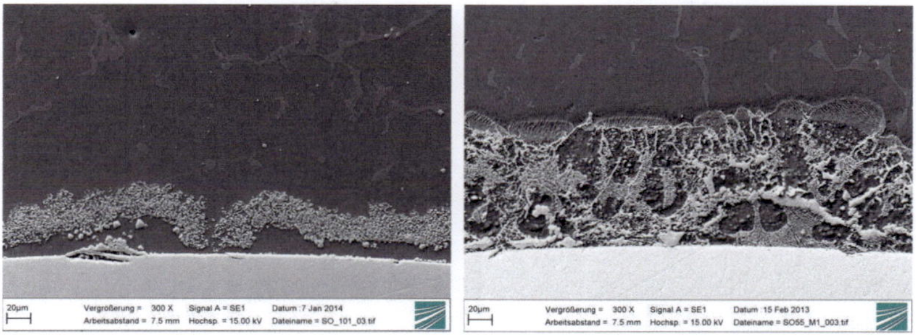

Abb. 5.14: Grenzflächenbereich galv. vernickelter Stahlstabproben mit verschiedenen Ausgangsschichtdicken (links: ca. 4 µm, rechts: ca. 20 µm) nach dem Umgussversuch mit AZ91 bei einer Schmelzetemperatur von 660 °C, SE-REM-Aufnahmen

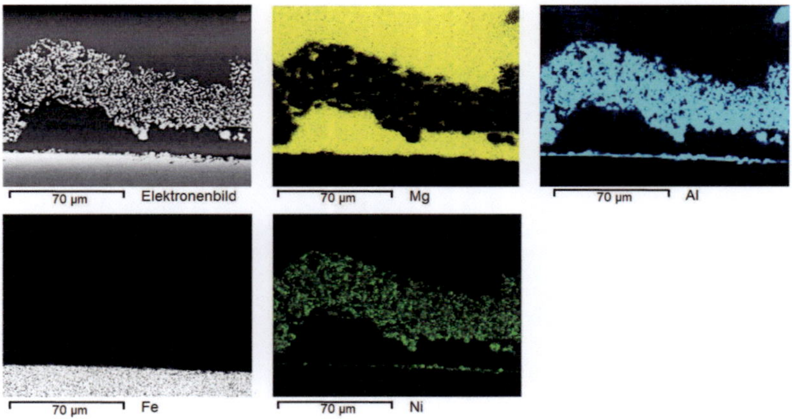

Abb. 5.15: EDX-Mapping eines Grenzflächenbereichs einer galvanisch vernickelten Stahlstabprobe mit einer aufgebrachten Schichtdicke von ca. 4 µm nach dem Umgussversuch mit AZ91 bei einer Schmelzetemperatur von 660 °C, BSE-REM Aufnahme (links oben)

Die Auswertung der Elementanalysen der Matrixbereiche brachte zusätzlich die Erkenntnis, dass keine intermetallischen Verbindungen der Form Mg-Al-Ni entsprechend der verkupferter Proben gebildet wurden. In den Abbildungen 5.17 und 5.18 sind dazu exemplarisch Bereiche aus der Magnesiummatrix einer vernicktelten Probenvariante vergleichend mit einer reinen Referenzmatrix der Ausgangslegierung AZ91, unter Angabe der gemessenen Elementzusammensetzungen, dargestellt. Es ist deutlich zu erkennen, dass in beiden Gefügen neben dem α-Mischkristall bestehend aus ca. 95 m-% Mg und 5 m-% Al auch Mg-Al

Ausscheidungen im Masse-Verhältnis von etwa 1,5 (Mg) : 1 (Al) auftreten, welche auf die γ-Phase der Legierung schließen lassen. Des Weiteren konnte in diesen Phasenbereichen ein erhöhter Zinkgehalt von ca. 5 m-% detektiert werden. Die entsprechend des Zustandsdiagrammes erwartete Mg_2Ni-Phase konnte anhand der Elementverteilungen nicht eindeutig zugeordnet werden. Abbildung 5.19 zeigt hierzu die gemessenen Eindringhärten entlang der Grenzfläche der Gussmatrix hin zum Stahlkern. Deutlich zu erkennen ist die hohe Härte, der von der Schmelze unterwanderten Nickelschicht. Im Vergleich zu den unbeschichteten Referenzproben wurden für galvanisch vernickelte Versuchsproben etwa 4-mal so hohe Grenzflächenscherfestigkeiten erzielt. Auch bei diesen Versuchsserien ist der Einfluss der Versuchsdurchführung deutlich in den Fehlerbalken wiedergegeben.

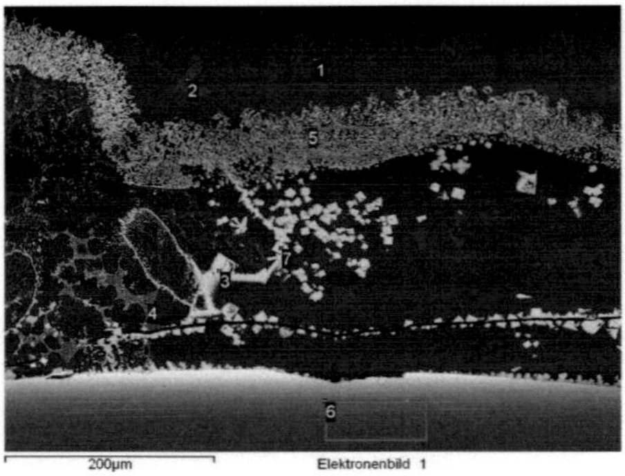

Position	Mg	Al	Fe	Mn	Ni	Zn
1	95	5	-	-	-	-
2	59	37	-	-	-	4
3	0,5	30	-	-	69,5	-
4	69	3	0,5	-	27	0,5
5	33,5	26	-	0,5	40	-
6	-	-	99,5	0,5	-	-
7	-	31	-	-	69	-

Alle Resultate in Massen-%

Abb. 5.16: BSE-REM Aufnahme mit Punktanalyse eines Grenzflächenbereiches galvanisch vernickelter Stahlstabproben mit einer Ausgangsschichtdicke von ca. 20 µm nach dem Umgussversuch mit AZ91 bei einer Schmelzetemperatur von 660 °C

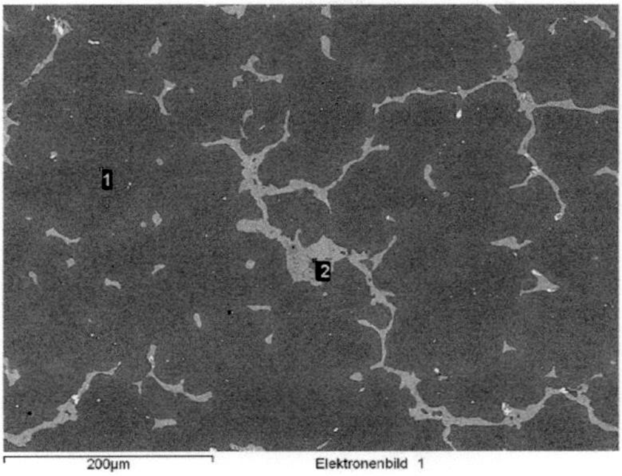

Position	Mg	Al	Zn
1	96	4	-
2	60	34,5	4,5

Alle Resultate in Masse-%

Abb. 5.17: BSE-REM Aufnahme mit Punktanalyse eines Mg-Matrixbereichs nach dem Umgießen einer vernickelten Probe mit AZ91 bei einer Schmelzetemperatur von 660 °C unter Angabe der gemessenen Elementzusammensetzungen

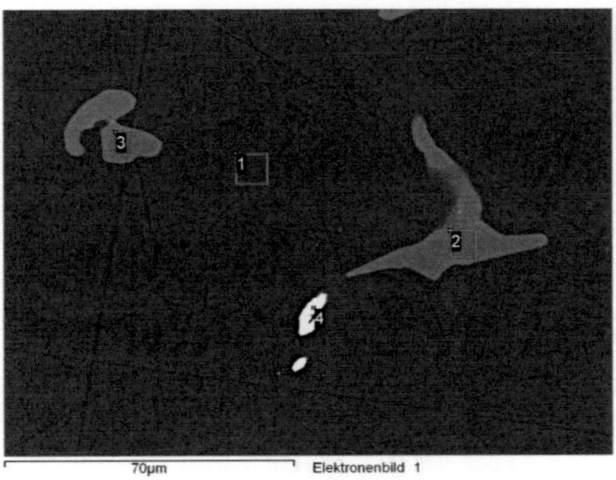

Position	Mg	Al	Mn	Zn
1	94	6	-	-
2	59	37	-	4
3	59	36,5	-	4,5
4	0,5	47	52,5	-

Alle Resultate in Massen-%

Abb. 5.18: Punktanalyse eines Gefügebereichs der AZ91 Legierung ohne beschichtete Stahlstab-Referenz

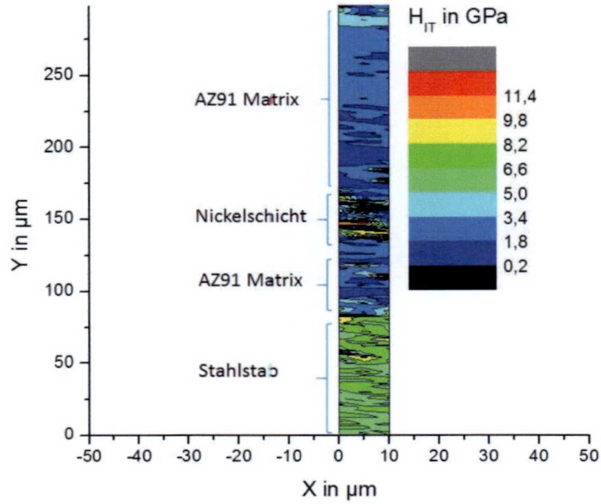

Abb. 5.19: Eindringhärte entlang der Grenzfläche Gussmatrix zu Stahlkern, gemessen an einer galvanisch vernickelten Probe nach dem Gussversuch

5.1.4 Chemisch vernickelte Stahlsubstrate

Neben der galvanischen Vernickelung ist die chemische Vernickelung ein ebenso etabliertes Verfahren und bietet den großen Vorteil einer geometrie- und konturunabhängigen gleichmäßigen Beschichtung. Verfahrensbedingt wird neben dem Nickel auch Phosphor in die Schicht eingebaut, um deren Härte, Verschleiß- und Korrosionsbeständigkeit zu erhöhen. Die ermittelten Grenzflächenscherfestigkeiten für Proben verschiedener Schichtdicken und unterschiedlicher Umgusstemperaturen sind in Abbildung 5.20 wiedergegeben.

Zu erkennen ist ein generell höheres Festigkeitsniveau für Proben geringerer Schichtdicke. Eine Gegenüberstellung zweier lichtmikroskopischer Aufnahmen von Grenzflächenbereichen mit unterschiedlicher Schichtdicke nach dem Umgießen mit AZ91 (Schmelzetemperatur von 660 °C) ist in Abbildung 5.21 dargestellt. Das verwendete Einbettmittel erscheint als dunkler Bereich unterhalb der Restnickelschicht. Des Weiteren konnte bei Proben mit einer größeren Schichtdicke von ca. 8 µm ein Aufwellen und Abheben der Beschichtung nach dem Umgussprozess festgestellt werden. Für Proben mit einer Schichtdicke von ca. 4 µm konnte dieser Effekt in diesem Umfang nicht beobachtet werden. Als Grund wird die größere innere Spannung bei höheren Schichtdicken innerhalb der Schicht angesehen, welche durch das Auftreffen der heißen Schmelze beim Umgussprozess auftritt. Dieser Effekt nimmt mit steigender Schichtdicke zu und kann zu einem Aufreißen oder Versagen der Schicht führen. Dies ist vor allem auf die geringere Dehnung und die erhöhte Härte dieser Schichten zurückzuführen, welche ca. 3-mal so hoch ist wie bei galvanisch aufgebrachten Nickelschichten.

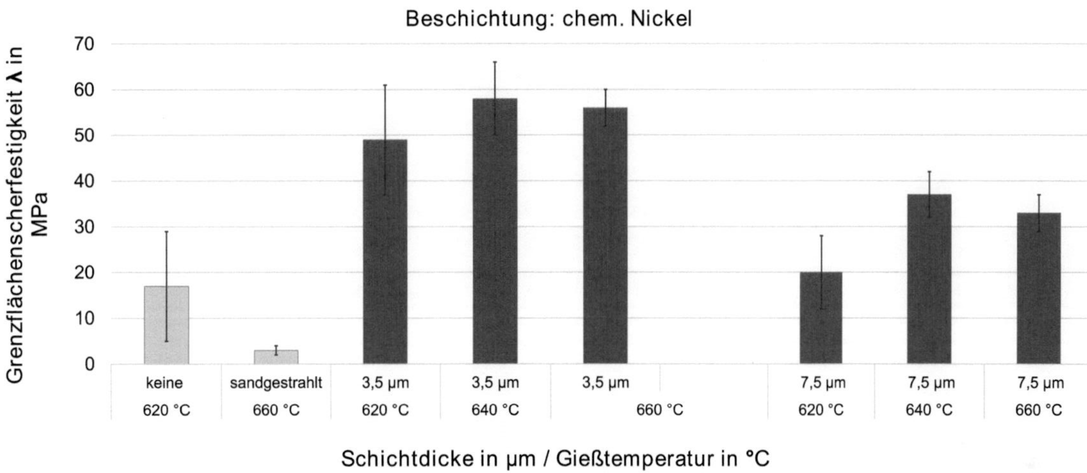

Abb. 5.20: Grenzflächenscherfestigkeiten chemisch vernickelter Stahlstäbe nach dem Umguss mit der Magnesiumlegierung AZ91 in Abhängigkeit von der Schichtdicke und der Gießtemperatur; Vergleich mit unbeschichteten Referenzproben (links)

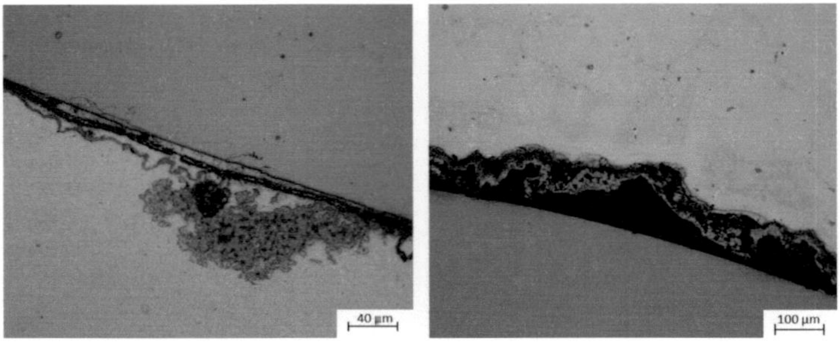

Abb. 5.21: Grenzflächenbereich chemisch vernickelter Stahlstabproben mit verschiedenen Ausgangsschichtdicken (links: dünner, rechts: dicker) nach dem Umgussversuch mit AZ91 bei einer Schmelzetemperatur von 660 °C, LM-Aufnahmen

Die Grenzflächenreaktion selbst und die gebildeten Phasen unterscheiden sich nicht von denen rein galvanisch vernickelter Proben. Der Phosphorzusatz in der Schicht blieb in den untersuchten Proben meist in sehr grenzflächennahen Bereichen (siehe Abbildung 5.23). Rasterelektronenmikroskopische Aufnahmen zeigen innerhalb dieser phosphorreichen Schichtbereiche ein feines Netz von Mikrorissen. Dies lässt auf die Bildung spröder Bereiche an der Grenzschicht schließen, was als ein weiterer Grund für die niedrigere Grenzflächenscherfestigkeit angesehen werden kann. Ein Beispiel für die Ausbildung dieser Mikrorisse ist in Abbildung 5.22 dargestellt. Eine Analyse der Elementverteilung dieses Grenzschichtbereiches (siehe Abbildung 5.23) zeigte, dass sich, vergleichbar mit reinen Nickelschichten, vorrangig Reaktionen zwischen dem Aluminium der Schmelze und dem Nickel der Beschichtung ausbilden. Die Härtemessungen an den umgossenen Versuchsproben ergaben keine markanten Unterschiede im Vergleich zu den galvanisch vernickelten Proben und sind deshalb hier nicht aufgeführt.

Zusammenfassend kann festgehalten werden, dass sich dünnere Beschichtungen positiv auf die Festigkeitswerte der Grenzfläche auswirken, da so der Anteil des eingebauten Phosphors und dadurch der Sprödphasenanteil minimiert wird. Ebenso kann durch dünnere Schichten die Schichteigenspannung beim Temperatureintrag durch den Gussprozess reduziert und dadurch ein Aufreißen oder Aufwölben der Beschichtung unterdrückt werden. Eine gute Benetzung der Beschichtung ist generell gegeben. Im Vergleich zu unbeschichteten Referenzproben konnten mit dieser Beschichtungsvariante 3-mal so hohe Grenzflächenscherfestigkeitswerte erzielt werden.

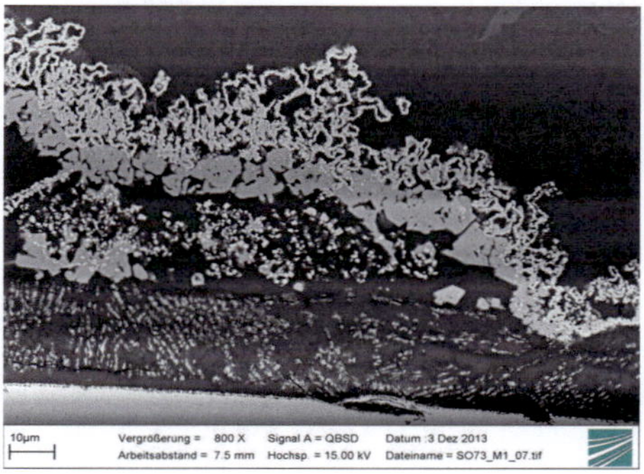

Abb. 5.22: Grenzflächenbereich einer chemisch vernickelter Stahlstabprobe mit einer Schichtdicke von ca. 8 µm nach dem Umgussversuch mit AZ91 bei einer Schmelzetemperatur von 660 °C, BSE-REM-Aufnahme

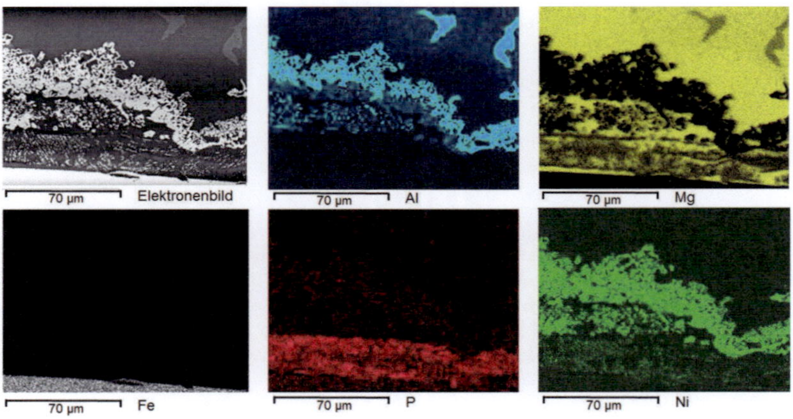

Abb. 5.23: EDX-Mapping eines Grenzflächenbereichs einer chemisch vernickelten Stahlstabprobe mit einer Schichtdicke von ca. 8 µm nach dem Umgussversuch mit AZ91 bei einer Schmelzetemperatur von 660 °C, BSE-REM Aufnahme (links oben)

5.1.5 Miralloy® beschichtete Stahlsubstrate

Eine seit vielen Jahren eingesetzte Nickelersatzbeschichtung stellt die sogenannte Miralloy®-Beschichtung dar. Hierbei handelt es sich um eine Kupfer-Zinn-Zink Beschichtung, welche mittels eines Legierungselektrolyten galvanisch abgeschieden wird. Die Zusammensetzung der Schicht kann mit ca. 55 % Kupfer, 30 % Zinn und 15 % Zink angegeben werden. Diese Beschichtungsvariante weist neben der Nickelfreiheit ein gutes Tiefenstreuungsverhalten gepaart mit einer ausgezeichneten Schichtdickenverteilung auf. Die maximal erreichbare Schichtdicke beträgt ca. 5 µm. Die Härtewerte der Beschichtung liegen im Bereich von galvanischen Nickelbeschichtungen [10]. In Abbildung 5.24 sind die Grenzflächenscherfestigkeiten von Proben dieser Beschichtungsvariante dargestellt. Die Schichtdicke betrug etwa 5 µm. Zu erkennen ist ein über die variierten Gießtemperaturen fast gleichbleibendes Festigkeitsniveau.

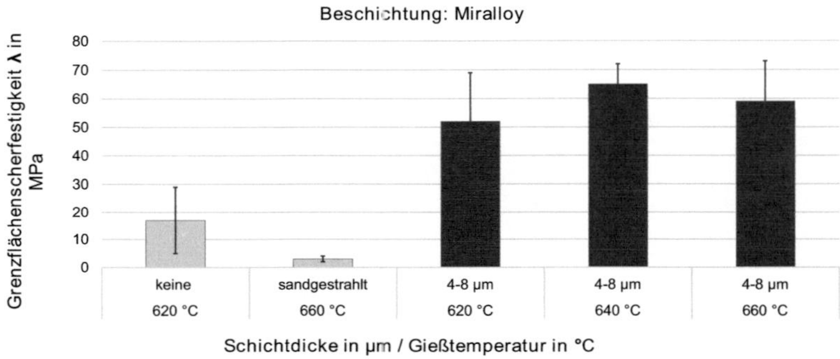

Abb. 5.24: Grenzflächenscherfestigkeiten mit Miralloy® (Cu/Zn/Sn) beschichteter Stahlstäbe nach dem Umguss mit der Magnesiumlegierung AZ91 in Abhängigkeit von der Gießtemperatur; Vergleich mit unbeschichteten Referenzproben (links)

Abbildung 5.25 zeigt SE-REM Aufnahmen von Grenzschichtbereichen nach dem Umguss bei zwei verschiedenen Gießtemperaturen. Zu erkennen ist eine jeweils sehr gute stoffliche Anbindung zwischen Stahlkern und Magnesiumlegierung. Das rechte Bild zeigt hierbei den Zustand nach dem Umguss bei erhöhter Gusstemperatur. In Abbildung 5.26 sind für diese Probe eine BSE-REM Aufnahme sowie die Elementverteilung wiedergegeben. Ebenso ist die Aluminiumverteilung an der Grenzfläche dargestellt.

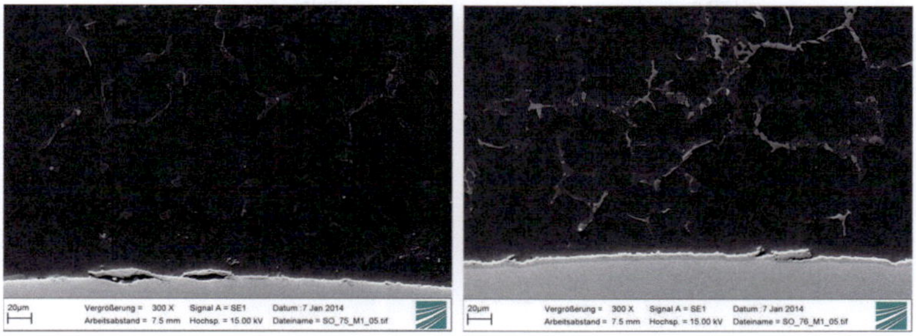

Abb. 5.25: Grenzflächenbereich mit Miralloy® (Cu/Zn/Sn) beschichteter Stahlstäbe nach verschiedenen Umgusstemperaturen (links: 640°C , rechts: 660°C), SE-REM-Aufnahmen

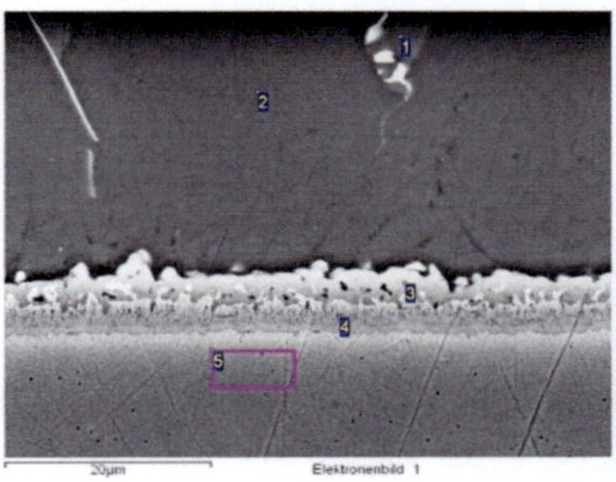

Position	Mg	Al	Fe	Zn	andere
1	57	38	-	5	-
2	95	5	-	-	-
3	1	55	38	-	6
4	2	35	57	-	6
5	-	-	99	-	1

Alle Resultate in Massen- %

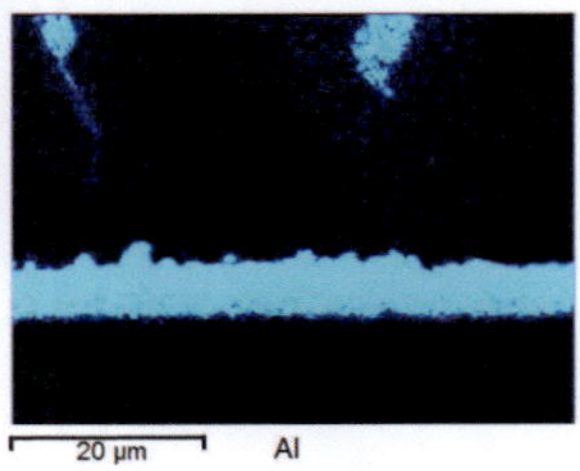

Abb. 5.26: BSE-REM Aufnahme mit Punktanalyse einer mit Miralloy® beschichteten Probe nach dem Umguss mit AZ91 bei einer Schmelzetemperatur von 660 °C mit zusätzlicher Darstellung der Aluminiumverteilung an der Grenzfläche

Eine entsprechende Punktanalyse eines Matrixbereichs etwas entfernt von der Grenzfläche ist in Abbildung 5.27 wiedergegeben. Zu erkennen ist die Bildung eines wenige Mikrometer dicken aluminiumreichen Saumes entlang der Grenzfläche, der auf die Bildung von Eisen-Aluminiden schließen lässt. Eine Darstellung (siehe Abbildung 5.28) der Eindringhärten und der Eindringmodule entlang der Grenzfläche stützt diese Annahme. Deutlich sind hier die Magnesiummatrix, die Reaktionszonen (unterteilt durch ihren Aluminiumgehalt) und der Stahlkern im Abgleich mit den Steifigkeitswerten (rechte Darstellung) zu identifizieren. Der höchste Härteanstieg ist, wie erwartet, in den aluminiumreichen Reaktionszonen entlang der Grenzfläche zu erkennen.

Die Punktanalysen des Matrixbereiches zeigen, dass sich sowohl das Kupfer als auch Zinn und Zink der Beschichtung während des Gussvorgangs in der Schmelze lösen und sich in den magnesiumreichen Phasen der Legierung als neue Legierungszusammensetzung in Form von Ausscheidungen wiederfinden lassen (Abbildung 5.27).

Zusammenfassend erzielte diese Beschichtung eine gute Benetzung im Gussprozess sowie technisch relevante Grenzflächenfestigkeiten, welche im Vergleich zu den unbeschichteten Referenzproben ca. 3-mal höhere Werte erzielten. Anzumerken ist, dass es bei einer zu langen Reaktionszeit zwischen Schmelze und beschichteter Stahloberfläche zu einer Sprödphasenbildung durch die Reaktion zwischen Aluminium und der Stahloberfläche kommen kann, welche nach Möglichkeit gering gehalten werden sollte.

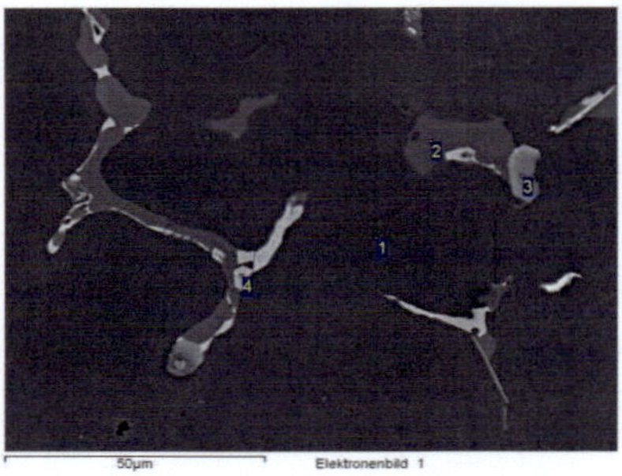

Position	Mg	Al	Fe	Zn	Sn	Cu	andere
1	94	5	-	-	1	-	-
2	58	36	-	6	-	-	-
3	56	0,5			13,5	-	30
4	32	35	-	4	-	29	-

Alle Resultate in Massen- %

Abb. 5.27: BSE-REM Aufnahme mit Punktanalyse ausgewählter Bereiche der Matrix, einer mit Miralloy® beschichteten Probe nach dem Umguss mit AZ91 bei einer Schmelzetemperatur von 660 °C

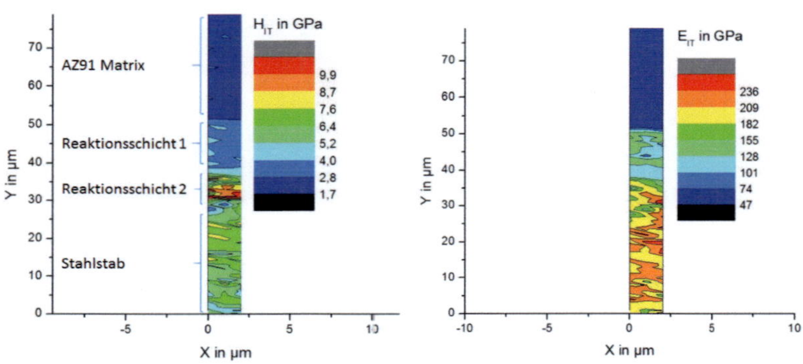

Abb. 5.28: Eindringhärte und Eindringmodul entlang der Grenzfläche Gussmatrix zu Stahlkern, gemessen an einer mit Miralloy® beschichteten Probe nach dem Gussversuch

5.1.6 Verzinkte Stahlsubstrate

Eine weitere Möglichkeit zum stofflichen Verbund zwischen Stahlsubstraten und Leichtmetalllegierungen stellen verzinkte Oberflächen dar. Die erzielten Grenzflächenscherfestigkeiten im Verbund zwischen Stahl und Magnesiumlegierung AZ91 für galvanisch sowie feuerverzinkte Stahlsubstrate sind in Abbildung 5.29 dargestellt.

Während galvanisch beschichtete Proben keine Festigkeitssteigerung zeigten, erzielten feuerverzinkte Proben einen bis zu 3-mal so hohen Festigkeitswert im Vergleich zur unbeschichteten Referenz. Als Grund für die geringen Festigkeiten galvanisch verzinkter Proben konnte unter anderem die niedrigere Schmelztemperatur von Zink (Ts: ca. 420 °C) in Verbindung mit einer für den Gussprozess zu geringen Schichtdicke identifiziert werden, was zu einem frühzeitigen Auflösen der Beschichtung durch die auftreffende Schmelze führte. Die Folge ist eine ungewünschte Reaktion zwischen dem Aluminium der Schmelze sowie der freigelegten Stahloberfläche unter Bildung spröder Eisenaluminide. Eine BSE-Aufnahme eines Grenzflächenbereiches einer galvanisch verzinkten Probe ist in Abbildung 5.30 wiedergegeben. Neben den mit Zink aus der Beschichtung angereicherten γ-Phasen der AZ91 Legierung (Punkt 2) konnten an der Stahloberfläche gebildete Eisenaluminidbereiche identifiziert werden. Im Gegensatz dazu ist in Abbildung 5.31 die ausgebildete Grenzfläche einer feuerverzinkten Probe dargestellt. Deutlich ist hier die Restzinkschicht zu erkennen, welche den guten stofflichen Verbund realisiert. Die zuvor aufgebrachte Zinkschicht mit einer Schichtdicke von ca. 60 µm konnte neben einer ausreichend guten Benetzung der Schmelze dem Gussprozess standhalten und somit mit den Legierungselementen der Schmelze eine Durchmischung und Reaktion an der Verbundgrenzfläche ausbilden.

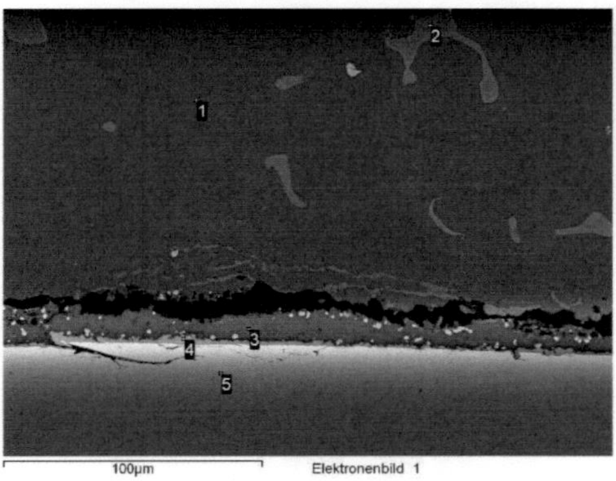

Position	Mg	Al	Mn	Fe	Zn
1	92,5	6,5	-	-	1
2	57	30	-	-	13
3	92	6,5	-	-	1,5
4	1,5	56	4,5	38	-
5	-	-	1	99	-

Alle Resultate in Massen-%

Abb. 5.30: BSE-REM Aufnahme mit Punktanalyse eines ausgewählten Grenzschichtbereiches einer galvanisch verzinkten Probe nach dem Umguss mit AZ91 bei einer Schmelzetemperatur von 660 °C

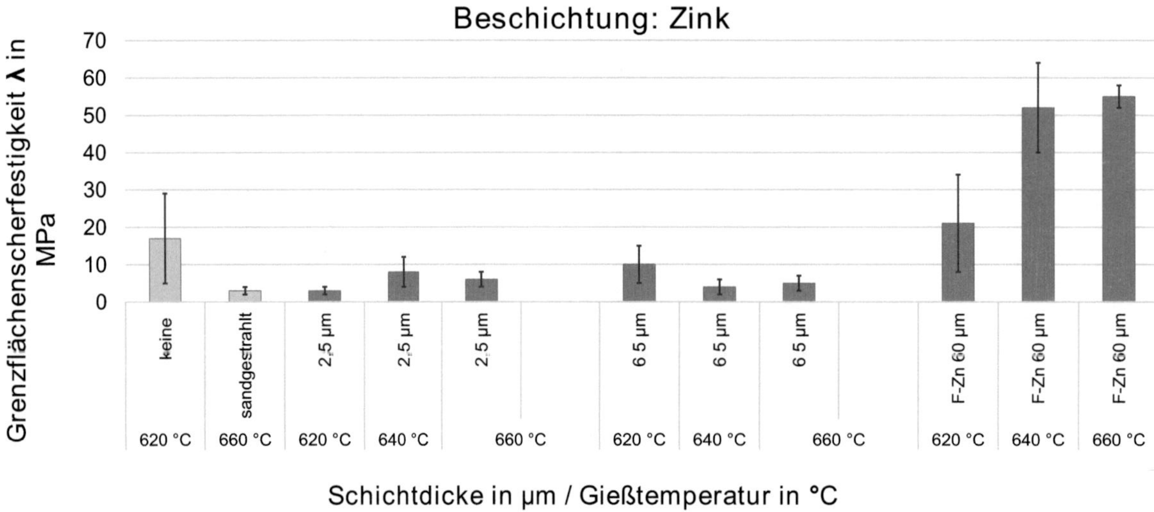

Abb. 5.29: Grenzflächenscherfestigkeiten galvanisch verzinkter und feuerverzinkter (F-Zn) Stahlstäbe nach dem Umguss mit der Magnesiumlegierung AZ91 in Abhängigkeit von der Schichtdicke und der Gießtemperatur; Vergleich mit unbeschichteten Referenzproben (links)

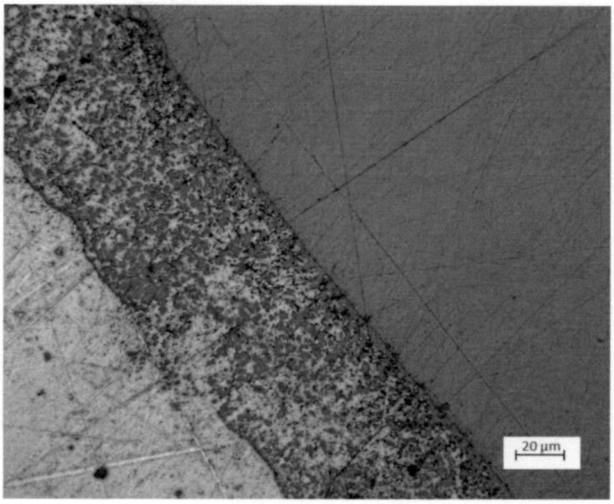

Abb. 5.31: LM-Aufnahme der Grenzschicht einer feuerverzinkten Probe nach dem Umguss mit Magnesiumschmelze bei einer Schmelzetemperatur von 660 °C

Die Abbildungen 5.32 sowie 5.33 zeigen neben einer BSE-REM Aufnahme mit Punktanalyse ausgewählter Grenzschichtbereiche ein EDX-Mapping einer feuerverzinkten Stahlstabprobe. Deutlich ist die Zinkanreicherung der Mg-Al Phasenbereiche (Punkt 2) in der Gussmatrix zu erkennen. Außerdem konnte die Bildung fein verteilter Eisenaluminide (Punkt 3) in einem breiten Saum an der Verbundgrenzfläche identifiziert werden, welche jedoch auf den Prozess des Feuerverzinkens selbst zurückgeführt werden kann (Aluminiumanteil der Zinkschmelze).

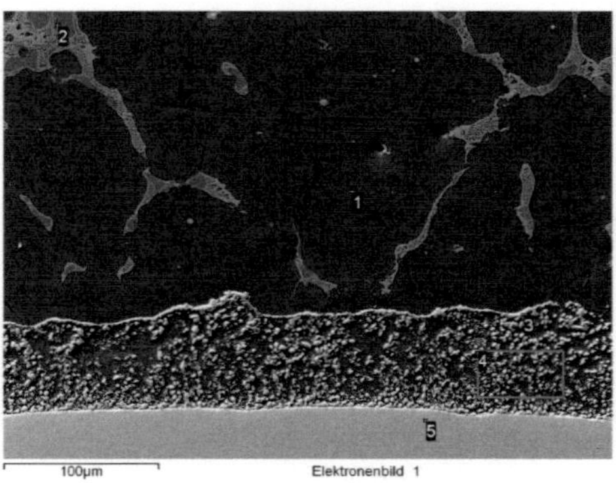

Position	Mg	Al	Mn	Fe	Zn
1	92,5	3,5	-	-	4
2	76,5	14,5	-	-	9
3	9,5	50	2	37,5	1
4	61	20,5	0,5	16	2
5	-	-	1	99	-

Alle Resultate in Massen-%

Abb. 5.32: BSE-REM Aufnahme mit Punktanalyse ausgewählter Grenzschichtbereiche einer feuerverzinkten Probe nach dem Umguss mit AZ91 bei einer Schmelzetemperatur von 660 °C

Interessant ist die Unterwanderung dieses Bereiches durch die angegossene Magnesiumschmelze (Bereich 4 in Abb. 5.32 sowie Mg-Mapping in Abb. 5.33) und die damit erzielte gute stoffliche Durchmischung zwischen Matrix und Beschichtung. Eine Darstellung der entlang der Grenzschicht gemessenen Härtewerte gibt Abbildung 5.34 wieder. Die härtesten Phasen innerhalb der Reaktionsschicht entsprechen mit einem Wert von ca. 9 GPa denen der Miralloy®-Reaktionsschichten und weisen damit ebenso auf Eisenalumninide hin.

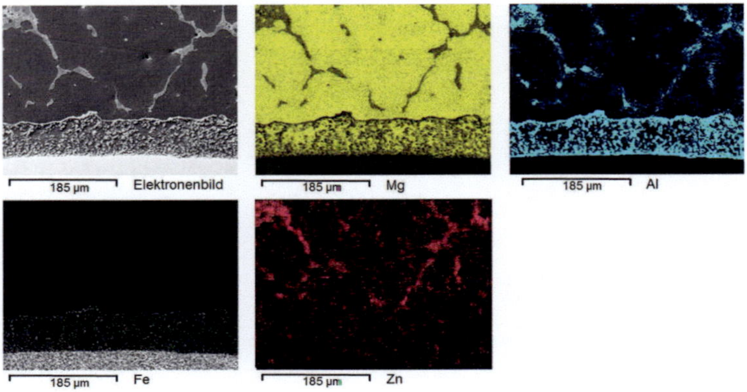

Abb. 5.33: EDX-Mapping eines Grenzflächenbereichs einer feuerverzinkten Stahlstabprobe mit einer aufgebrachten Schichtdicke von ca. 60 µm nach dem Umgussversuch mit AZ91 bei einer Schmelzetemperatur von 660 °C, BSE-REM Aufnahme (links oben)

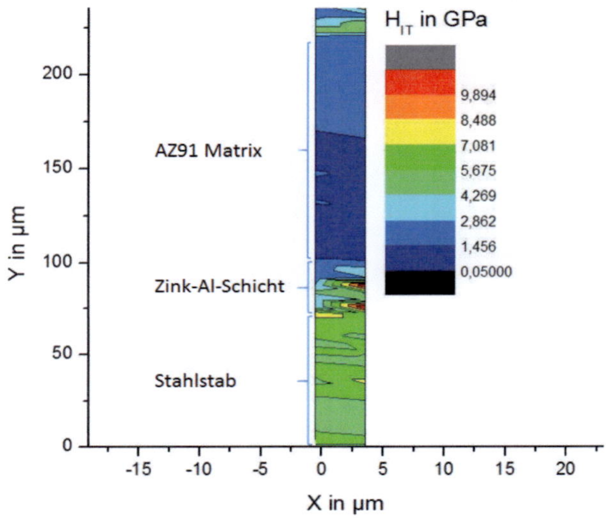

Abb. 5.34: Eindringhärte entlang der Grenzfläche Gussmatrix zu Stahlkern, gemessen an einer feuerverzinkten Probe nach dem Gussversuch

Zusammenfassend ist mit einer ausreichend hohen Angusstemperatur der Schmelze und einer ausreichend dicken Feuerverzinkung die Ausbildung breiter Verbundgrenzflächen mit technisch interessanten Festigkeitswerten zu realisieren.

5.1.7 Verzinnte Stahlsubstrate

In Abbildung 5.35 sind die Grenzflächenfestigkeiten für verzinnte Versuchsproben wiedergegeben. Es zeigte sich, dass bedingt durch den sehr niedrigen Zinnschmelzpunkt von ca. 230 °C, keine ausreichend hohe Beständigkeit gegenüber der Magnesiumschmelze erzielt werden konnte. Dieses frühzeitige „Abspülen" der Beschichtung führte somit zur Unterdrückung einer für den stofflichen Verbund notwendigen Grenzflächenreaktion. Einige Grenzflächen verzinnter Proben sind in Abbildung 5.36 dargestellt. Es ist deutlich eine Spaltbildung und Materialtrennung an der Verbundgrenzfläche zu erkennen. Die Grenzflächenscherfestigkeiten liegen daher im Bereich unbeschichteter Referenzproben und sind technisch nicht relevant.

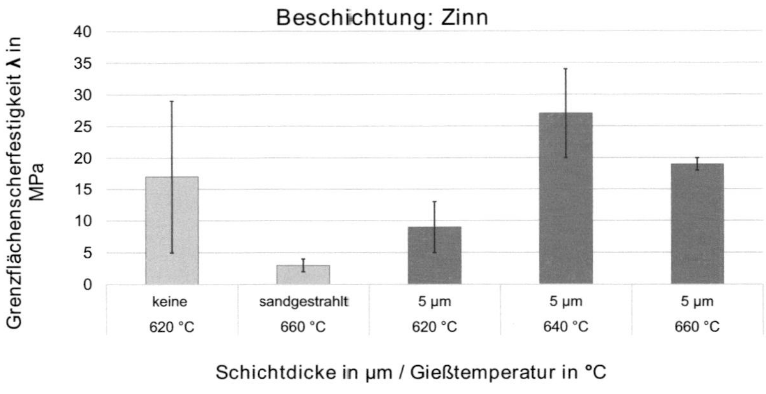

Abb. 5.35: Grenzflächenscherfestigkeiten galvanisch verzinnter Stahlstäbe nach dem Umguss mit der Magnesiumlegierung AZ91 bei verschiedenen Gießtemperaturen; Vergleich mit unbeschichteten Referenzproben (links)

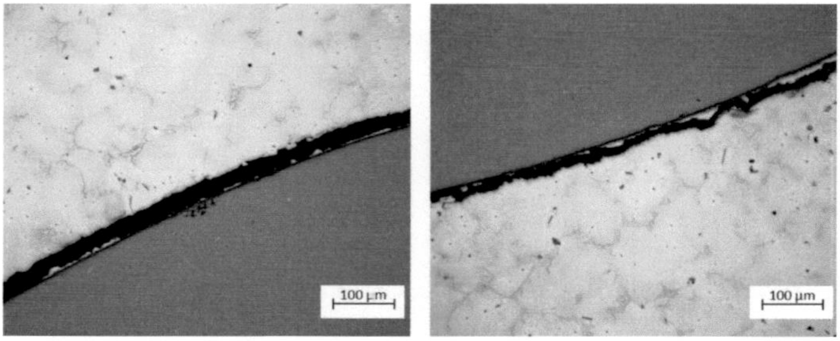

Abb. 5.36: Grenzflächenbereich galvanisch verzinnter Stahlstabprobe gleicher Schichtdicke nach verschiedenen Umgusstemperaturen (links: 620 °C, rechts: 660 °C) nach dem Umgussversuch mit AZ91, LM-Aufnahmen

5.1.8 Bruchflächenbetrachtung

Beispielhaft soll auch auf die Veränderung der Bruch- bzw. Scherflächen der untersuchten Probenkörper eingegangen werden. Abbildung 5.37 zeigt hierzu die Mantelflächen von Stahlinnenkörpern sowie die dazugehörigen Gegenflächen der Matrizes nach dem Ausdrückversuch an einer verkupferten sowie an einer unbeschichteten Stahlstabprobe.

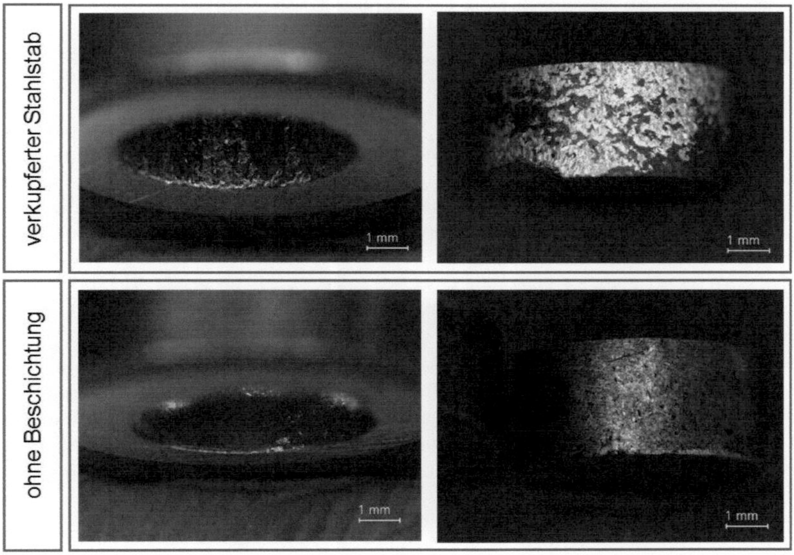

Abb. 5.37: Bruchflächen einer verkupferten sowie unbeschichteten Stahlprobe nach dem Ausdrückversuch aus der umgossenen Magnesiummatrix

Zu erkennen ist die im Vergleich zur unbeschichteten Probe deutlich rauere Oberfläche des verkupferten Probekörpers. Die plastische Verformung der Grenzflächenschicht ist durch die stoffliche Anbindung zu erklären, welche zu einer deutlich stärkeren Oberflächenprofilierung entlang der Ausdrückrichtung führte. Die unbeschichtete Probe zeigt dagegen kaum Anzeichen einer mechanischen Deformation während des Ausdrückversuchs, was zu den ermittelten deutlich niedrigeren Ausdrückkräften passt. Auf weitere Beispiele soll hier nicht eingegangen werden.

5.1.9 Fehlerbetrachtung

Der Fehler bezogen auf die ermittelte Scherfestigkeit ist von der Schiefstellung der Stahlstangen innerhalb der Gusskokille (Winkelabweichung von der ideal senkrechten Stellung) abhängig. Im betrachteten Fall konnte eine maximal auftretende Winkelabweichung von ca. 1,5° berechnet werden. Der Einfluss auf die belastete Mantelfläche des schiefen Zylinders ist dadurch mit einem Wert von 0,036 % anzugeben und hat somit einen sehr geringen Einfluss auf die berechneten Spannungen.

Weitaus größer ist der Fehlereintrag, der durch die Bearbeitungstoleranz beim Abfräsen der 3 mm dünnen Probenscheiben für den Ausdrückversuch verursacht wird. Der Fehler kann mit etwa 2,37 % beziffert werden. In Summe ergibt sich durch die leicht schiefe Stellung der eingegossenen Stahlstangen sowie die Dickentoleranz der abgefrästen Probenscheiben ein Fehler von ca. 2,4 % auf die berechneten Spannungen. Ein größerer Fehlerbetrag auf die berechneten Scherspannungen ergibt sich durch die Gussporosität. Ist diese zu hoch und an der Grenzfläche präsent, verringert sich die notwendige Kraft. Durch Schliffe wurden hier teilweise Porositäten von bis zu 10 % festgestellt, welche die Mantelfläche und damit auch die daraus berechneten Grenzflächenspannungen reduzieren. In Einzelfällen können auch höhere Werte der Porosität aufgetreten sein, was in der oberflächennahen Schliffpräparation der Ausdrückproben jedoch nicht zu erkennen war.

Daraus lässt sich ein Gesamtfehler von ca. 15 % für die berechneten Scherspannungen abschätzen. Der restliche Anteil der teilweise aufgetretenen Abweichungen innerhalb der Versuchsreihen ist in anderen Fehlerquellen wie der manuellen Probenvorbereitung, Abweichungen in den Schichtdicken innerhalb einer Versuchsreihe sowie in der händischen Bedienung der Versuchsapparatur zu suchen. Bedingt durch die Versuchsdurchführung ließ sich eine gewisse Ungenauigkeit trotz sorgfältiger Versuchsdurchführung nicht vermeiden. Diese ist in Form von Fehlerbalken dargestellt. Der Bereich der Streuung beträgt hierbei ca. 5 - 50 % der dargestellten Scherfestigkeitswerte.

5.1.10 Zusammenfassung der Erkenntnisse aus den Voruntersuchungen

Zusammenfassend kann festgehalten werden, dass für eine stoffliche Anbindung zwischen Stahleinleger und Magnesiumlegierung immer eine gute Benetzung der Oberflächen als Voraussetzung gegeben sein muss.

Da Stahl eine schlechte Benetzung mit der Magnesiumschmelze sowie fast keine Löslichkeit in Magnesium aufweist, ist eine Beschichtung der Stahloberfläche für einen Stoffschluss notwendig. Die Erkenntnisse dieser Arbeit weisen darauf hin, dass viele metallische Schichten eine gute Benetzung mit der AZ91 Schmelze ausbilden können. Hierzu gehören besonders Kupfer, Nickel und Miralloy® Schichten. In Abhängigkeit von der Schichtdicke, der Reaktionszeit und den vorhandenen Reaktionselementen können sich sowohl neue Phasen an der Grenzflächen als auch im Gussgefüge ausbilden. Diese Phasen sind meist intermetallisch und zeigten eine höhere Härte im Vergleich zur Gussmatrix. Besonders in Bezug auf eine Rissbildung sind diese daher kritisch zu betrachten. Es sei jedoch darauf hingewiesen, dass dünnere Schichten positiver zu bewerten sind als dickere Schichten, solange eine ausreichend hohe Stabilität für die auftreffende Schmelze besteht und diese nicht beim Anguss abgespült werden. Ist dies gegeben, reicht für eine stoffliche Anbindung der Partner eine wenige Mikrometer dicke Schicht zur Benetzung und Interaktion mit der Metallschmelze aus.

Es kann konstatiert werden, dass es eher auf eine generell gute Benetzung der Oberfläche durch eine metallische Beschichtung und eine dadurch mögliche Reaktion mit der Schmelze ankommt, als auf eine genaue Einhaltung der Schichtdicke oder Gießtemperatur, um einen vollständigen Umguss zu realisieren. Die Schmelze muss für den Umguss lediglich eine Überhitzung entsprechend der zu umgießenden Struktur, Kavitätsgröße und Fließlänge innerhalb der Gussform aufweisen. Als zielführende Beschichtungen konnten sich innerhalb der Arbeit Kupfer, Nickel oder Miralloy® Schichten mit einer Dicke von ca. 5 µm bewähren. Die Übertragung dieser Erkenntnisse auf die Verstärkungsstrukturen unter Verwendung unterschiedlicher Gussprozesse wurden im zweiten Teil der vorliegenden Arbeit untersucht und bewertet.

5.2 Auswertung der Druckgussversuche

Im folgenden Abschnitt sind die Erkenntnisse zum Einguss von 3D Drahstrukturen wiedergegeben. Hierbei erfolgte eine Unterteilung in die untersuchten Gussverfahren sowie ein abschließender Vergleich.

5.2.1 Warmkammer-Druckguss

Neben der Bestimmung der geometrischen sowie der Auftriebsdichte wurden von einzelnen Proben der Warmkammerdruckgussversuchsreihe ergänzend Röntgenbilder zur Bestimmung des Formfüllverhaltens aufgenommen, die in Abbildung 5.38 auszugsweise dargestellt sind. Zu erkennen ist eine gute Formfüllung ohne Anzeichen von Lunkerbildung, ungefüllten Bereichen oder makroskopischen Poren.

Des Weiteren ist bei Drahtstrukturen des Typs A in den Maschenweiten 3 mm und 5 mm ein Verschieben und Deformieren durch den einschießenden Schmelzestrahl zu erkennen. Für Strukturen mit doppelter Drahtanzahl pro Struktur (Typ C) ist dieser Effekt durch die erhöhte Strukturstabilität nicht erkennbar. An dieser Stelle sei darauf hingewiesen, dass in der verwendeten Form keine weitere Geometrie als die verwendete Probenform vorgesehen wurde und dadurch ein direkter Anguss auf die Drahtstruktur unter sehr hohen Fließgeschwindigkeiten und Drücken erfolgte. Die Strukturen wurden ungelötet umgossen. In einem späteren Strukturteil würde der Anguss weiter von der zu umgießenden Verstärkungsphase entfernt erfolgen und diese damit einem weniger schroffen Umgießen ausgesetzt sein.

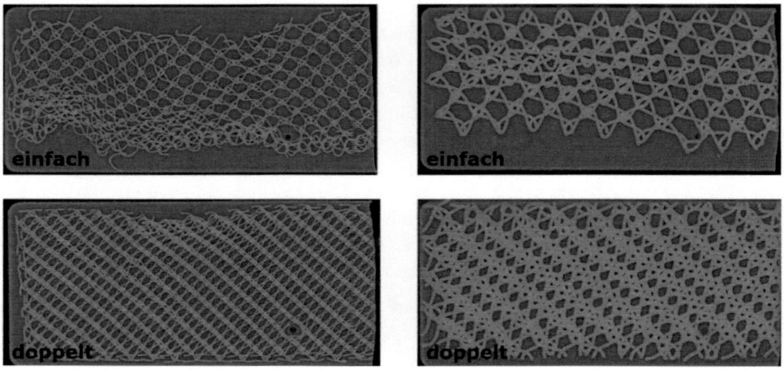

Abb. 5.38: Röntgenaufnahmen von Warmkammer-Mg-Verbundgussproben mit unterschiedlichen Strucwire Strukturen (mit einfacher und doppelte Drahtanzahl); links: MW3, rechts: MW5

Die Dichtebestimmung der durch das Warmkammerdruckgussverfahren hergestellten Versuchsproben ergab eine mittlere Porosität von 4 %. Gängige Porositäten von Warmkammer-Druckgussbauteilen liegen dagegen im Bereich von 1 %. Dabei setzt sich die Porosität zum einen aus der eingeschlossenen bzw. nicht evakuierten Luft im Formraum sowie dem in Lösung befindlichen Gasanteil der Schmelze und zum anderen aus dem Anteil an Erstarrungsporosität zusammen. Die Gasporosität kann durch das Evakuieren der Form deutlich verringert und auf ein Minimum reduziert werden. Demgegenüber ist ein Reduzieren der Erstarrungsporosität nicht möglich. Generell kann die durch die Erstarrung bedingte Volumenkontraktion der Schmelze und die damit erzeugten Poren durch eine angepasste Gestaltung der Gussform größtenteils auf bauteilunkritische Stellen verlagert werden. Derart hergestellte Teile weisen praktisch keine Gasporosität auf und können einer Wärmebehandlung zur Verbesserung der mechanischen Eigenschaften unterzogen werden. Weisen die Gussteile demgegenüber einen durch eingeschlossene Luft bedingten Restgasgehalt auf, ist eine Wärmebehandlung nur bedingt oder gar nicht durchführbar. Im ungünstigsten Fall kommt es zu einer Blisterbildung oder zur Materialtrennung durch das sich im Inneren der Gussmatrix ausdehnende Gasvolumen [80, 86, 38].

Des Weiteren sei darauf hingewiesen, dass Druckgussteile immer Porositäten aufweisen, jedoch eine erhöhte Porosität einen merklichen Einfluss auf die mechanischen Eigenschaften der Matrix ausübt und zu deutlichen Abnahmen in der Zugfestigkeit und der Bruchdehnung führt [73, 89]. Ein möglichst porenfreier Guss ist daher auch zur Erzielung optimaler Verbundgussteile anzustreben und ebenso Bestandteil der vorliegenden Arbeit gewesen.

Abbildung 5.39 zeigt exemplarisch Schliffbilder verschieden beschichteter Drahtstrukturen nach dem Einguss sowie nach einer Wärmebehandlung der Gussproben bei 440 °C für 30 Minuten unter einer Argonatmosphäre zur nachträglichen Ausbildung einer Verbundzone. Die zuvor aufgebrachten Schichtdicken lagen jeweils zwischen 5-50 µm. Anhand der dargestellten Proben ist deutlich zu erkennen, dass es neben einem teilweise guten Formschluss nach dem Guss jedoch zu keiner stofflichen Anbindung gekommen ist. Der Grund hierfür ist die prozessbedingt zu kurze Reaktionszeit von wenigen Zehntelsekunden vor dem Erstarren der Schmelze, die für einen notwendigen Diffusionsprozess zwischen Beschichtung und Schmelze nicht ausreichend ist. Ebenso ist die hohe Mikroporosität der Gussmatrix sehr deutlich zu erkennen. Die meist runden Poren innerhalb der Gussmatrix weisen auf eine erhöhte Gasporosität des Warmkammerprozesses hin, welche durch einen vakuumunterstützten Guss deutlich reduziert werden können. Diese Option stand für die Warmkammermaschine zum Zeitpunkt dieser Arbeit nicht zur Verfügung.

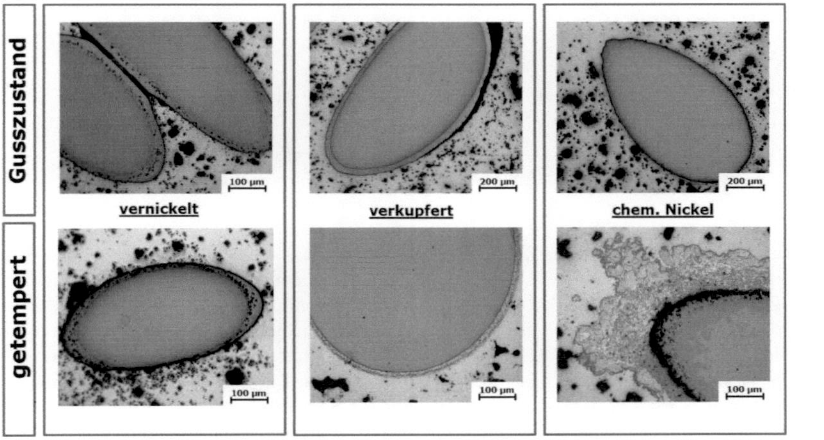

Abb. 5.39: Schliffbilder von Mg-Verbundgussproben mit unterschiedlichen Drahtbeschichtungen; im Gusszustand bzw. wärmebehandelt (440 °C, 30 min., Ar); hergestellt im Warmkammerverfahren

Außerdem wird der auf die Drahtstruktur auftreffende Schmelzestrahl weiter aufgeteilt und erstarrt feinverteilt auf den kalten Drähten, was eine Reaktion zwischen den Verbundpartnern behindert. Die nachträglich durchgeführte Temperung der Versuchsproben zeigte ein teilweise starkes „Blistern" der Gussproben, was einen erhöhten Restgaseinschluss bestätigt. An den Schliffproben konnte teilweise eine starke Reaktion zwischen aufgebrachter Drahtbeschichtungen und Matrix festgestellt werden. Dies deutet wiederum auf einen guten Formschluss dieser Probenbereiche hin. Je nach Beschichtung konnten lokal sehr starke Diffusionszonen beobachtet werden, welche wiederum auf einen sehr guten Materialverbund schließen lassen.

In Abbildung 5.40 sind einige Bruchflächen von Verbundgussproben nach dem Pendelschlagversuch dargestellt. Deutlich zu erkennen sind die verformten und teilweise gerissenen

Drahtspiralen der eingegossenen Strukturen. Das rechte Bild zeigt eine beschichtete und wärmebehandelte Struktur mit lokal deutlich verfärbten Drahtsektionen, was auf eine Reaktion mit der Matrix schließen lässt. Diese lokale Einfärbung bestärkt ebenso die These, dass bedingt durch einen unzureichenden Formschluss und eine zu hohe Grenzflächenporosität zwischen Drähten und Matrix keine vollständige Reaktion zwischen beiden Verbundpartnern stattfand.

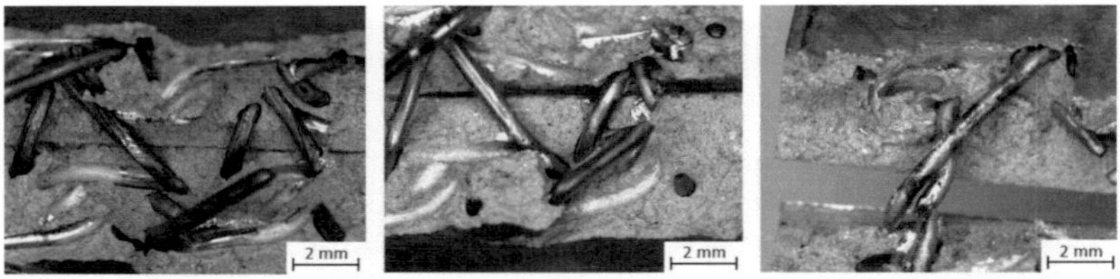

Abb. 5.40: Bruchflächen verschiedener Mg-Verbundgussproben nach dem Schlagpendelversuch; Warmkammer; WB: wärmebehandelt

Die nachfolgende Tabelle 5.1 gibt einen Teil der ermittelten und berechneten Werkstoffkennwerte, der durch das Warmkammerdruckgussverfahren hergestellten Verbundgussproben wieder. Jeder aufgeführte Wert wurde durch mindestens 3 Proben ermittelt. Der Tabelle ist zu entnehmen, dass die absolute Schlagarbeit der Versuchsproben im Vergleich zur unverstärkten Matrix um etwa das Doppelte erhöht werden konnte. Unter Berücksichtigung der erhöhten Dichte der Verbundgussproben konnte eine massenspezifische Verstärkung von 90 % (Faktor 1,9) mit einer beschichteten und wärmebehandelten Drahtstruktur der Maschenweite 5 mm des Typs C erzielt werden. Die Dichteerhöhung durch das Einbringen der Drahtstruktur beträgt für den Typ A ca. 29 %, für Typ C etwa 53 %. Betrachtet man den Einfluss von Maschenweite, Drahtdurchmesser und Strukturdichte, lässt sich aus diesen Versuchsreihen feststellen, dass Strukturen mit größerem Drahtdurchmesser eine höhere Verstärkungswirkung aufzeigen. Ebenso führt eine Verdopplung der Drahtanzahl zu einer deutlichen Erhöhung der Schlagarbeit. Bei Strukturen der Maschenweite 5 mm führt dies zur Verdopplung der spezifischen Schlagarbeit. Für den Strukturtyp A konnte sowohl für beschichtete als auch für zusätzlich wärmebehandelte Proben ein entsprechender Anstieg der Verstärkungswirkung um jeweils 30 % festgestellt werden.

Tab. 5.1: Ermittelte Schlagarbeiten von Strucwire Verbundgussproben mit AZ91 Matrix; hergestellt im Warmkammer-Druckgussverfahren; B: mit Beschichtung; WB: wärmebehandelt; MW: Maschenweite der Drahtstrukturen

Probentyp	Dichte in g/cm³	Porosität in %	Schlagarbeit in J	spezif. Verstärkung in %
Matrix	1,7	4,9	5	-
Matrix - WB	1,6	7,2	4	-
Strucwire MW 3 Typ A (B)	1,9	4,2	5,9	0
Strucwire MW 3 Typ A (B + WB)	1,9	4,6	6,6	40
Strucwire MW 5 Typ A	2,2	4,05	8,8	40
Strucwire MW 5 Typ A (B)	2,2	3,65	10,8	70
Strucwire MW 5 Typ C	2,6	3,4	13,2	80
Strucwire MW 5 Typ C (B)	2,6	3,17	12,8	70
Strucwire MW 5 Typ C (B + WB)	2,6	2,8	14,2	90

Eine grafische Darstellung der im Warmkammerverfahren erzielten Schlagarbeiten und Verstärkungsfaktoren ist in Abbildung 5.41 dargestellt. Das Diagramm gibt Werte für Verbundgussproben mit Drahtstrukturen der Maschenweite 5 mm des Typs A bzw. C wieder und zeigt den erzielten Eigenschaftsgewinn auf. Diese Ergebnisse korrelieren ebenso mit der in Kapitel 3.4 beschriebenen Theorie einer größeren Energieabsorption durch einen erhöhten Drahtdurchmesser.

Die Fehlerbalken wurden nur für die Schlagarbeiten wiedergegeben und sind ein Resultat aus Schwankungen der Gussqualität (Porositäten, Anbindung) sowie der Strukturdeformation. Der Verstärkungsfaktor wurde jeweils aus den gemittelten spezifischen Schlagarbeiten in Bezug zur unverstärkten Matrix berechnet und ist daher ohne Fehler dargestellt. Gleiches gilt für alle folgenden Diagramme.

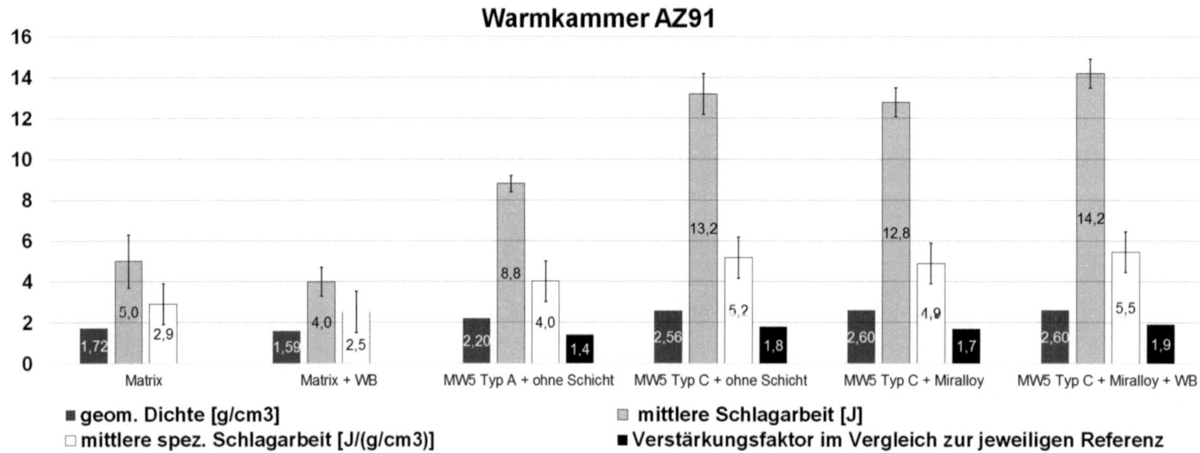

Abb. 5.41: Dichte, Schlagarbeit und Verstärkungsfaktor ausgewählter Warmkammer-Verbundgussproben im Vergleich zur unverstärkten Referenzmatrix; WB: wärmebehandelt

5.2.2 Kaltkammer-Druckguss

Vergleichend zu den Warmkammerdruckgussversuchen wurden Versuchsproben auf einer Kaltkammerdruckgussmaschine mit der AZ91 Magnesiumlegierung umgossen und die Schlagarbeit der so hergestellten Verbundgussproben bestimmt. Die vorbereiteten Drahtstrukturen wurden dazu in eine, in die Gussform integrierte, rechteckige Kavität der Wandstärke 5 mm eingelegt und umgossen. Bei der verwendeten Gussform handelte es sich um einen PKW-Instrumententräger mit einem Gussgewicht von ca. 2 kg. Die Abmessungen der Drahtstrukturen betrugen $100\,mm \times 60\,mm \times 5\,mm$. Es wurden ausschließlich Drahtstrukturen der Maschenweite 5 mm des Typs A verwendet, welche für ein gutes Umgießen im Vorfeld teilweise auf eine Dicke von 4 mm gedrückt wurden. Nach dem Einguss erfolgte ein grobes Heraustrennen der Probenbereiche und ein anschließendes Fräsen auf die Prüfgeometrien von $32\,mm \times 70\,mm$.

Die ermittelten Dichten, Schlagarbeiten und berechneten Verstärkungsfaktoren repräsentativer Proben der Versuchsreihe gibt Abbildung 5.42 wieder. Im Vergleich zur Warmkammerversuchsreihe wurden für die Kaltkammerproben nur Drahtstrukturen vom Typ A verwendet. Die Dichteerhöhung der Gussteile durch die integrierte Drahtstruktur beträgt ca. 25 %. Vergleicht man die erzielten Schlagarbeiten für beide Druckgussverfahren, ist eine drastische Steigerung der Matrixschlagarbeit um ca. 130 % (wärmebehandelt) im Vergleich zur Warmkammerreferenzmatrix festzustellen. Als Grund hierfür kann der nahezu porenfreie Guss angenommen werden.

Demgegenüber erzielten die Kaltkammerverbundgussproben eine geringere Schlagarbeit auf dem Niveau der Warmkammerverbundgussproben. Vergleicht man die erzielten massenspezifischen Schlagfestigkeiten, ist eine deutliche Verschlechterung der Gusseigenschaften im Vergleich zur reinen Matrix zu verzeichnen. Dieser Abfall kann durch eine unvollständige bis nicht vorhandene Anbindung zwischen Matrix und Drahtstruktur erklärt werden, welche entgegen der Zielstellung zu einer Querschnittsschwächung der Gussmatrix und damit zu einer deutlich niedrigeren Schlagarbeit führte. Ein Einfluss der Beschichtung auf die verrichtete Brucharbeit ist aus den Kennwerten nicht zu entnehmen und kann für diese Messreihe als irrelevant eingestuft werden.

Abbildung 5.43 zeigt exemplarisch drei Bruchflächen von Verbundgussteilen aus dieser Druckgussserie, wobei zusätzlich eine Wärmebehandlung bei 440 °C für 30 Minuten unter Argon erfolgte. Für die verkupferten bzw. feuerverzinkten Drahtstrukturen lässt sich anhand der Bruchfläche eine erste Aussage über die Reaktionsneigung treffen. Bei der verkupferten Drahtstruktur ist selbst nach der Wärmbehandlung die rötlich schimmernde Beschichtung auf der Drahtoberfläche zu erkennen, was auf keine bzw. eine unzureichend starke Reaktion mit der Matrix hinweist. Demgegenüber ist für die verzinkte Drahtstruktur eine starke Reaktion mit der umliegenden Magnesiummatrix zu verzeichnen, was anhand der silbern schimmernden metallischen Anhaftungen an der Drahtoberfläche zu erkennen ist. Mit bloßem Auge ließ sich erkennen, dass sich durch die Wärmebehandlung ein Anschmelzen der Zinkschicht und ein Auflegieren mit der Magnesiummatrix vollzogen haben muss. Eine Steigerung der Brucharbeit konnte jedoch auch hier nicht verzeichnet werden. Eine Erklärung für diesen Zähigkeitsabfall der Gussproben kann zum einen in einer zu weichen Verbundzone und zum anderen in einer zu starken Versprödung der Matrix, durch den hohen Anteil an Zink, verbunden mit einer Kornvergröberung durch das Tempern gefunden werden.

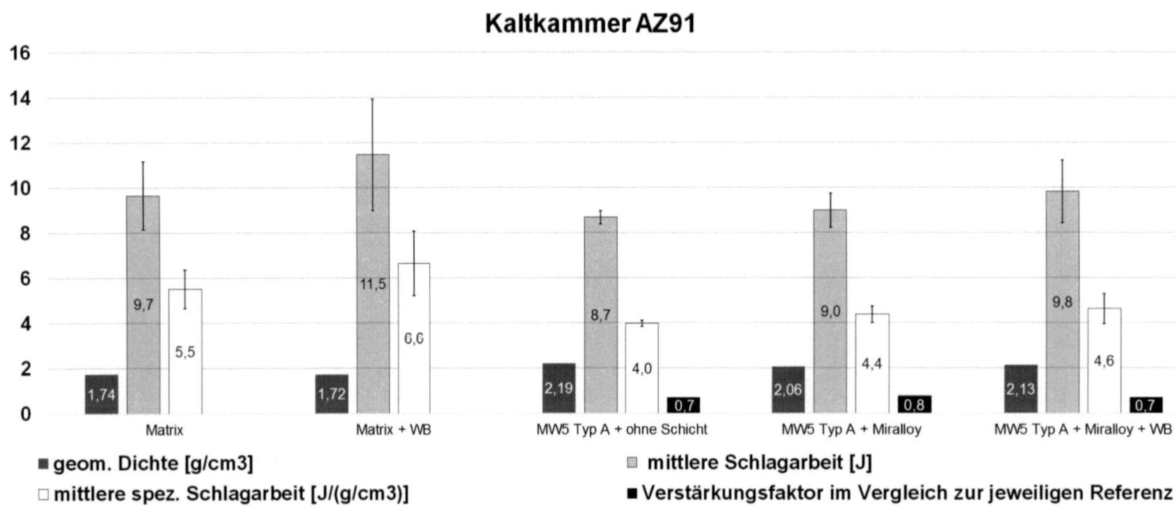

Abb. 5.42: Dichte, Schlagarbeit und Verstärkungsfaktor ausgewählter Kaltkammer-Verbundgussproben im Vergleich zur unverstärkten Referenzmatrix; WB: wärmebehandelt

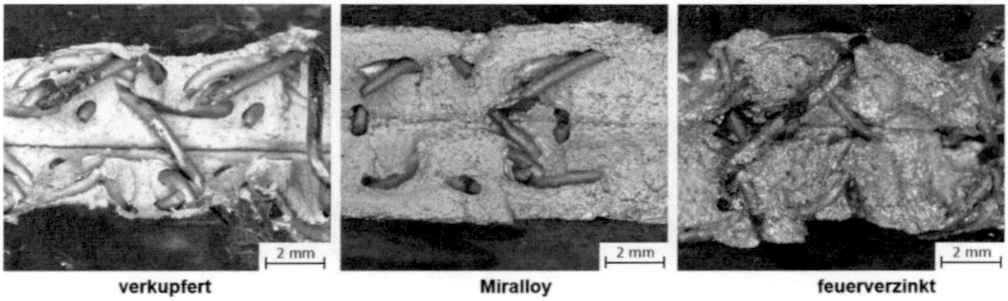

Abb. 5.43: Bruchflächen verschiedener Mg-Verbundgussproben nach dem Schlagpendelversuch; Kaltkammer; zusätzlich wärmebehandelt

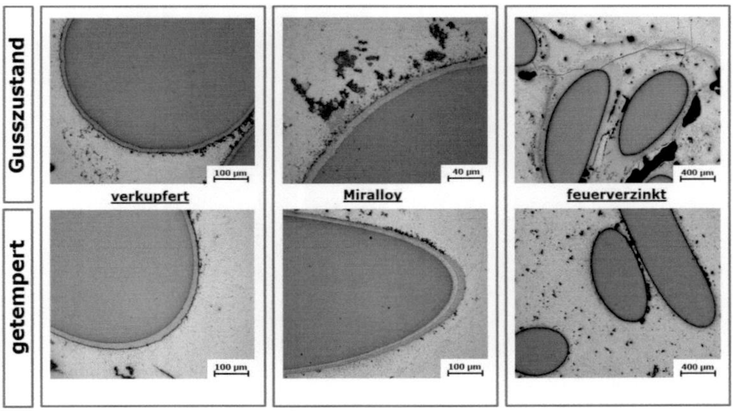

Abb. 5.44: Schliffbilder von Mg-Verbundgussproben mit unterschiedlichen Drahtbeschichtungen; im Gusszustand bzw. wärmebehandelt (440 °C, 30 min, Ar); hergestellt im Kaltkammerdruckguss

In Abbildung 5.44 sind ausgewählte Schliffbilder von Verbundgussproben im Gusszustand bzw. im getemperten Zustand gegenübergestellt. Neben der geringeren Matrixporosität im Vergleich zum Warmkammerprozess wird deutlich, dass die jeweils auf den Draht aufgebrachten Beschichtungen sowohl im Gusszustand als auch im getemperten Zustand noch zu erkennen sind. Als Grund hierfür können wieder die sehr kurzen Formfüllzeiten des Prozesses angesehen werden. Eine Ausnahme stellen die feuerverzinkten Proben dar, welche schon im Gusszustand ein Anschmelzen bzw. Durchmischen mit der auftreffenden Schmelze aufzeigen. Die Temperung der Proben wurde für die hier betrachtete Untersuchung nur exemplarisch und einheitlich bei einer Temperatur (440 °C, 30 min, Ar) durchgeführt und diente damit nur als Stichprobe. Für eine gezielte Untersuchung der möglichen Reaktionen wäre eine Variation von Temperatur und Zeit notwendig, welche jedoch innerhalb der zur Verfügung stehenden Zeit nicht realisiert werden konnte.

5.3 Auswertung der Kokillengussversuche

Im folgenden Abschnitt sind die Ergebnisse der Eingussversuche von Stahleinlegestrukturen im Kokillengussverfahren wiedergegeben. Auch bei diesem Gussverfahren ist der Einfluss einer geeigneten Beschichtung zur Erhöhung der Benetzung zwischen Einlegeroberfläche und Magnesiumschmelze zu erkennen. Abbildung 5.45 zeigt hierfür zwei Gussproben mit Drahtstruktureinlage. Zu erkennen ist die schlechte Formfüllung durch eine zu geringe Benetzung bei der unbeschichteten Probe (linkes Bild) im Vergleich zum vollständigen Umguss einer vernickelten Drahtstruktur (rechtes Bild).

Abb. 5.45: Kokillengussproben mit Drahtstruktureinleger; mit schlechter Formfüllung bedingt durch die unbeschichtete Struktur (links); mit vernickelter Einlegestruktur (rechts)

Ein Vergleich der erzielten Verbundgussdichten, Schlagarbeiten sowie Verstärkungsfaktoren bezogen auf die unverstärkte Gussmatrix gibt Abbildung 5.46 wieder.

Jeder dargestellte Wert ist ein Mittelwert aus mindestens drei Einzelproben. Zu erkennen ist, dass eine generelle Verstärkungswirkung durch die Drahtstruktureinlage von ca. 30 % erzielt werden konnte. Eine durch die Beschichtung erhöhte Brucharbeit konnte nicht festgestellt werden. Trotz unterschiedlicher Beschichtungen der Drahtstrukturen erzielten diese Verbundgussproben ähnliche Werte wie die unbeschichteten Proben. Eine deutliche Verschlechterung der Gussqualität erzeugten die feuerverzinkten Drahtstrukturen. Ein Verbundguss mit diesen Strukturen führte verfahrensbedingt (induktive Beheizung) zu einer starken Überhitzung der Beschichtungen und damit zu einem Abdampfen der Zinkschicht schon während des Gussprozess, was zu einer hohen Porosität der Proben führte und damit die Eigenschaften stark herabsenkt.

Die teilweise starke Streuung der Messwerte ist ebenso verfahrensbedingt auf die unterschiedliche Gussqualität zurückzuführen. Dies äußerte sich vorrangig in Defekten der Gusshaut, wie Grübchenbildung oder Poren. Die Matrixporosität erzielte mit ca. 1,5 % im Vergleich zu den anderen Verfahren trotz allem den niedrigsten Wert.

Abbildung 5.47 stellt Schliffbilder verschiedener Verbundgussteile im Gusszustand dar. Es ist zu erkennen, dass mit Nickel beschichtete Strukturen sichtbare Reaktionen mit der Gusslegierung, in Form eines stark ausgebildeten Reaktionssaumes, zeigten. Da auch bei den vernickelten Verstärkungen im Vergleich zu den jeweiligen unbeschichteten Referenzstrukturen (Drahtstruktur, Streckmetall) keine Erhöhung der Schlag- bzw. Brucharbeit realisiert werden konnte, ist davon auszugehen, dass es sich um spröde Reaktionsschichten handelt. Eine Steigerung der Energieabsorption scheint daher, entsprechend der aufgestellten Hypothese (siehe Abschnitt 3.4), nur durch die Delamination duktiler Grenzflächen aussichtsreich.

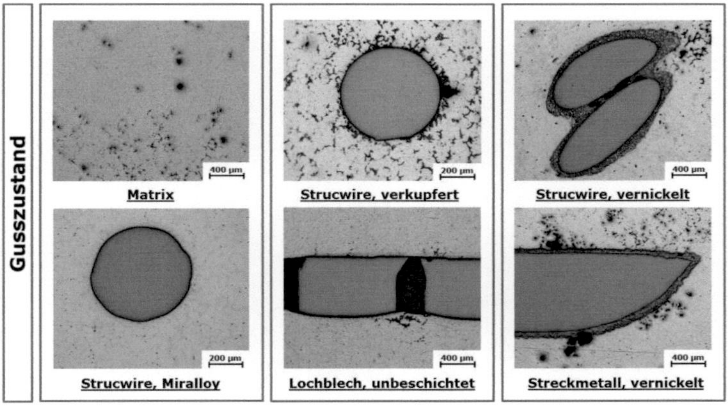

Abb. 5.47: Schliffbilder von Mg-Verbundgussproben mit unterschiedlichen Drahtbeschichtungen im Gusszustand; hergestellt im Kokillenguss

Abbildung 5.48 stellt zusammenfassend nochmals den Einfluss des Gussverfahrens gegenüber. Hierbei wurden nur Proben mit Drahtstrukturen gleicher Geometrie im unbeschichteten Zustand miteinander verglichen. Deutlich ist der Einfluss der Gusstechnologie auf die Qualität der Verbundgussprobe zu erkennen. Es zeigte sich, dass die höchste Schlagarbeit mit Verbundgussproben aus der Versuchsreihe des Kokillenverfahrens erzielt werden konnte. Diese erreichten massenspezifisch eine doppelt so hohe Brucharbeit im Vergleich zu den Druckgussverfahren. Verfahrensbedingt weisen diese Proben jedoch auch die größte Streuung in den Messwerten (Fehlerbalken) auf. Als eine Erklärung für die vergleichsweise hohen Werte des Kokillengussverfahren dient die geringere Matrixporosität verbunden mit einem guten Kraftschluss (siehe Abbildung 5.47).

Im Gegensatz dazu zeigte der Verbundguss im Kaltkammerverfahren eine Schwächung der Matrix durch die eingebrachten Drahtstrukturen, was in einem Verstärkungsfaktor < 1 zu erkennen ist.

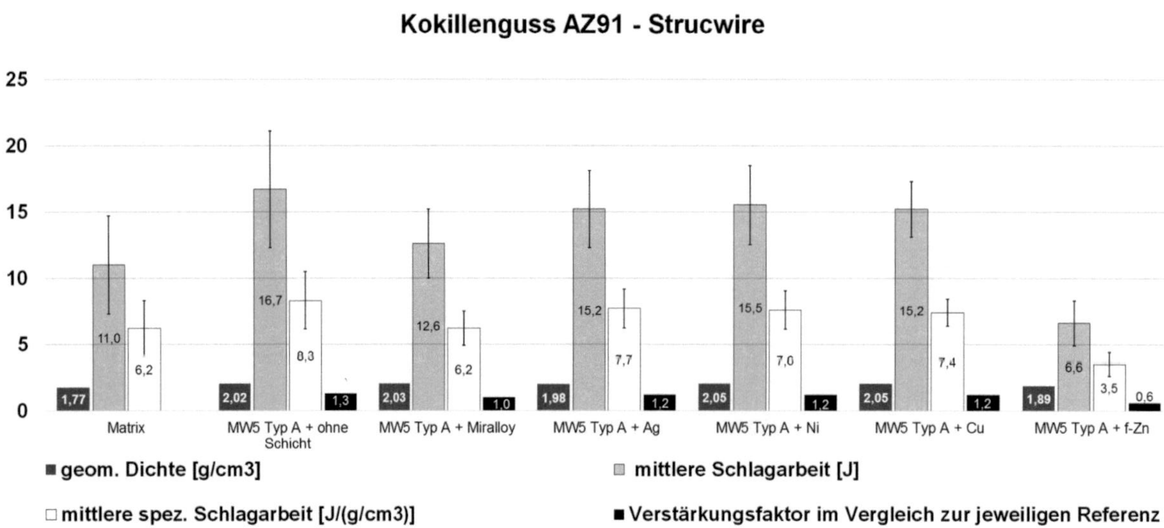

Abb. 5.46: Dichte, Schlagarbeit und Verstärkungsfaktor ausgewählter Kokillen-Verbundgussproben mit Strucwire Einlegestruktur im Vergleich zur unverstärkten Referenzmatrix

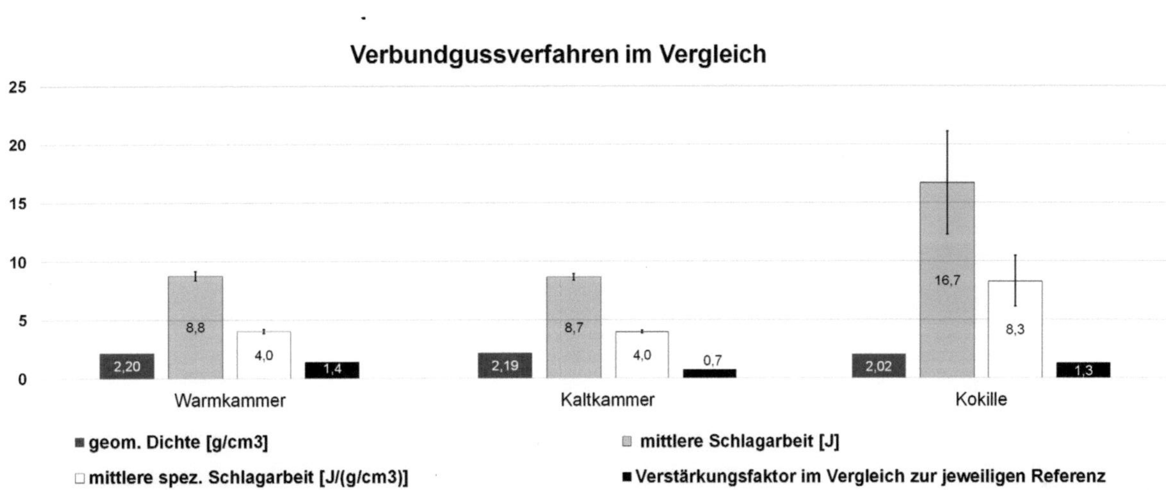

Abb. 5.48: Eigenschaften von Strucwire-Verbundgussteilen in Abhängigkeit zum Gussverfahren; Einsatz von Strukturen des Typs A ohne Beschichtung

5.3.1 Kokillenguss mit alternativen Einlegern

Zum Vergleich wurden im Kokillengussverfahren neben den Drahtstrukturen auch alternative Verstärkungsstrukturen in den Gusswerkstoff eingebracht. Hierzu gehörten zwei in Lochgröße und Blechstärke verschiedene Lochbleche, zwei Streckmetallbleche unterschiedlicher Dicke sowie ein Drahtgewebe. Teilweise wurden die Strukturen vernickelt um deren Benetzbarkeit durch die Metallschmelze zu erhöhen. Abbildungen 5.49 sowie Abbildung 5.50 zeigen die erzielten Kennwerten aus den Pendelschlagversuchen, der Verstärkungsstrukturen ohne Matrix sowie die entsprechenden Verbundgussteile im Vergleich zur unverstärkten Matrix. Auch hier basiert jeder dargestellte Wert auf dem Mittelwert von mindestens drei Proben.

Zu erkennen ist eine deutliche Erhöhung der Brucharbeit und des Verstärkungsfaktors bezogen auf die unverstärkte Matrix, besonders durch das Umgießen der feinen Lochbleche. Ohne im Einzelnen auf jede Verstärkungsstruktur einzugehen, kann festgehalten werden, dass eine starke Geometrieabhängigkeit in Bezug auf die Verstärkungswirkungen im Verbund festzustellen ist. Den höchsten massenspezifischen Verstärkungseffekt erzielte dadurch nicht die Struktur mit der höchsten eigenen Brucharbeit (Lochblech grob), sondern die mit der höchsten Strukturdichte (Lochblech fein).

Bedingt durch die verwendete Materialstärke konnte mit der Variante „Lochblech fein“ sogar eine geringere Verbundgussdichte im Vergleich zum groben Lochblech erreicht werden. Der damit erreichte Verstärkungsfaktor von 2,6 ist der höchste innerhalb der gesamten Untersuchungsreihe, bei einer Verbundgussdichte von ca. 2,2 g/cm^3. Diese liegt auf dem Niveau der drahtstrukturverstärkten Proben. Auch hier erbrachte die Beschichtung keine messbare Steigerung der Brucharbeit, was auf einen unzureichenden Materialverbund hindeutet.

Abbildung 5.51 zeigt die erzielten Brucharbeiten von Drahtstruktur bzw. Lochblech verstärkten Verbundgussstrukturen im Vergleich zur reinen Gussmatrix.

In Abbildung 5.52 sind einige ausgewählte Bruchbilder dieser Versuchsreihe abschließend aufgezeigt. Besonders sei hierbei auf die Verbundgussproben mit Lochblech (feine Lochgröße) in der unteren Bildreihe hingewiesen. Neben der starken Verformung des gelochten Bleches im Inneren der Gussprobe konnte vielfach eine Abformung der Löcher im Gussmaterial festgestellt werden. Anzunehmen ist daher, dass die Materialtrennung nach dem ersten Bruch der Oberfläche durch das Herauslösen der eingegossenen Löcher im Blech dominiert wird. Die Gesamtheit der dadurch zu trennenden Oberflächen ergibt eine sehr hohe Arbeit, was in der zum Materialbruch notwendigen Schlagarbeit deutlich wird.

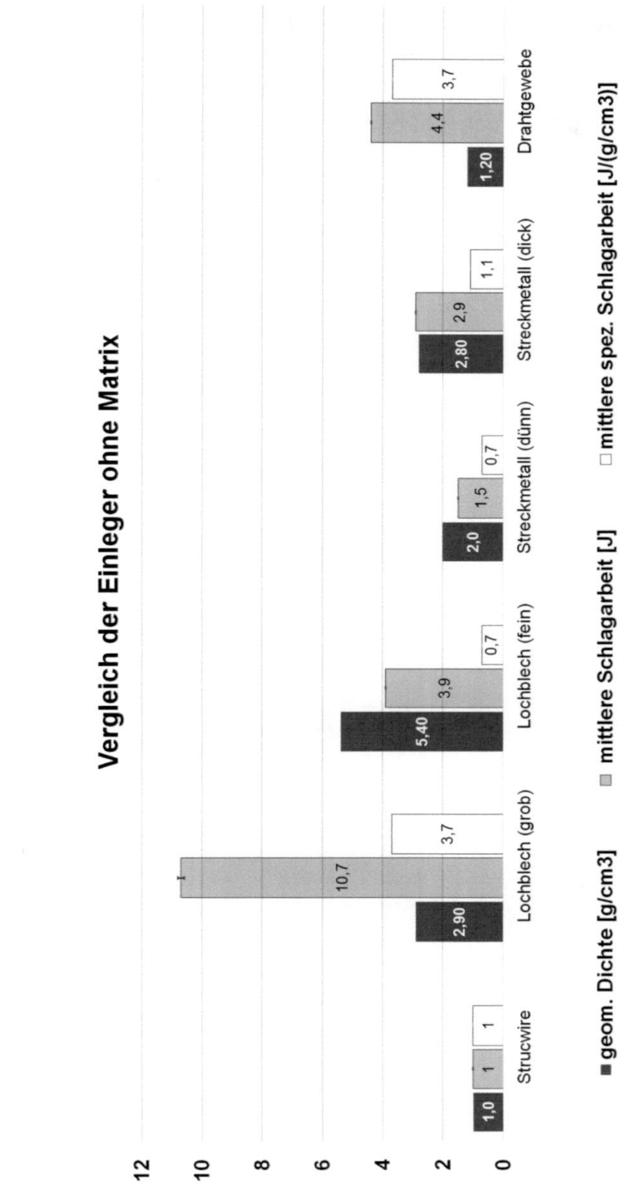

Abb. 5.49: Dichte und Schlagarbeiten verschiedener Stahleinleger ohne Matrix

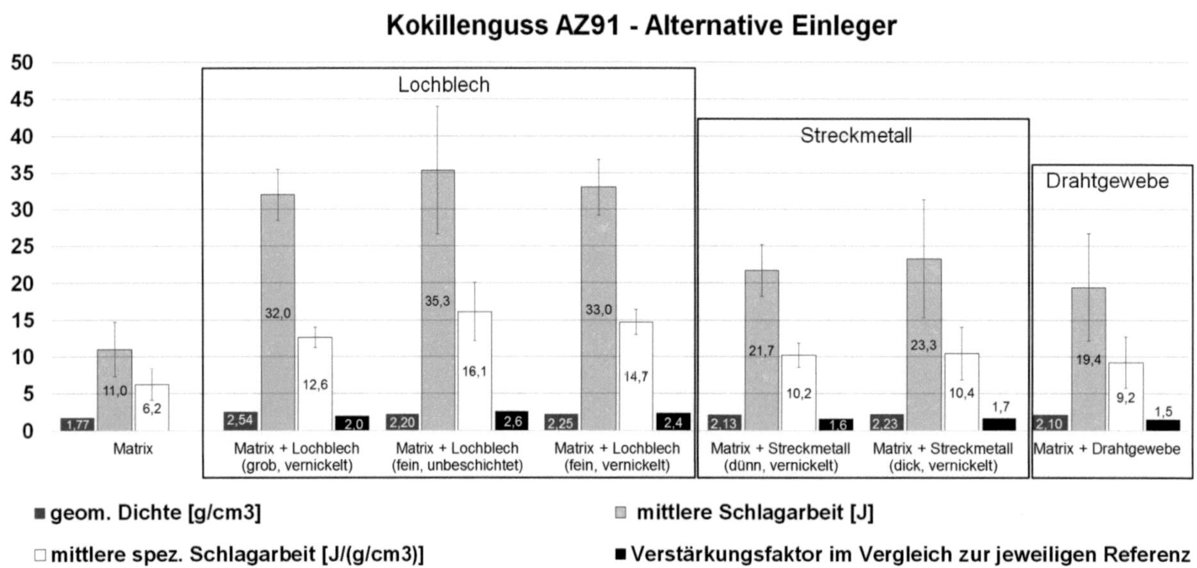

Abb. 5.50: Dichte, Schlagarbeit und Verstärkungsfaktor ausgewählter Kokillen-Verbundgussproben mit alternativen Einlegestruktur im Vergleich zur unverstärkten Referenzmatrix

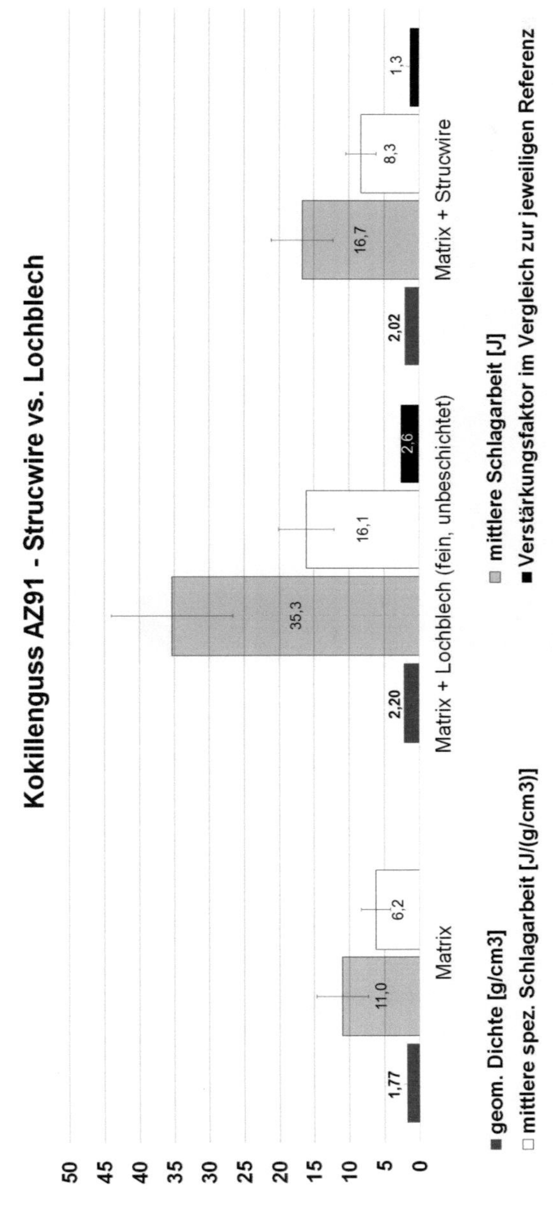

Abb. 5.51: Vergleich der Brucharbeit von Kokillengussteilen mit Strucwire und Lochblech Verstärkung

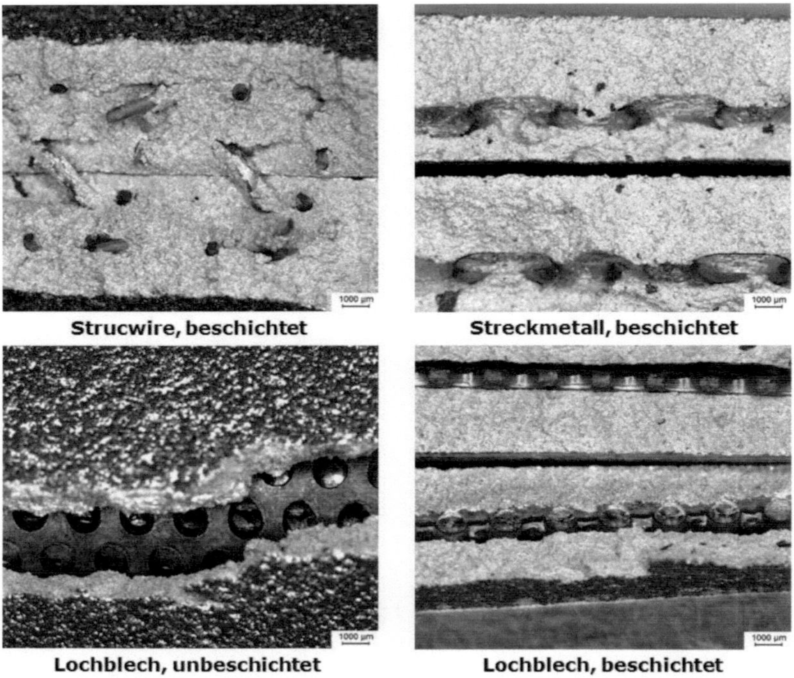

Abb. 5.52: Bruchbilder verschiedener Kokillengussproben mit unterschiedlichen Verstärkungsstrukturen (obere Bildreihe: metallisch beschichtete Strucwire- sowie Streckmetallstruktur; untere Bildreihe: metallisch beschichtetes sowie unbeschichtetes Lochblech)

5.4 Zusammenfassende Diskussion

Entsprechend des aufgestellten Berechnungsmodells (siehe Kapitel 3.4) zur Abschätzung der Bruchanteile von Drahtstruktur-Verbundgussteilen konnte eine deutliche Steigerung der Brucharbeit bei Verwendungen von Strukturen des Typs A der Maschenweite 5 mm, um bis zu 700 % (bei einer Brucharbeit der reinen Matrix von 4 J) abgeschätzt werden. Diese Betrachtung gilt unter der Annahme einer duktilen Grenzfläche und einer Grenzflächenscherfestigkeit auf dem Niveau der Gussmatrix (AZ91), mit einem geleisteten Anteil der Brucharbeit durch eine stattfindende Grenzflächentrennung entlang der Verbundgrenzfläche. Ebenso konnte aus dem Modell eine Zunahme der Energieabsorption im Schadensfall bei Verwendung von Strukturen mit größerem Drahtdurchmesser, bedingt durch einen höheren plastischen Verformungsanteil, abgeleitet werden.

Zur Überprüfung dieser theoretischen Abschätzung wurden alle hergestellten Verbundgussproben und die entsprechend unverstärkten Referenzproben mittels eines Schlagpendelversuchs auf ihre Brucharbeit untersucht. Für die Warmkammer-Druckgussversuche konnte unter Verwendung von Strukturen des Typs A der Maschenweite 5 mm ein Verstärkungseffekt von ca. 40 % und für Verstärkungen des Strukturtyps C mit doppelter Drahtanzahl sogar ein Verstärkungseffekt von ca. 80 % ermittelt werden. Eine stoffliche Anbindung der beschichteten Drahtstrukturen wurde durch die prozessbedingt sehr kurzen Reaktionszeiten nicht erreicht. Die Auswertung ergab trotzdem nachweislich eine massenspezifische Verdopplung der Brucharbeit im Vergleich zur unverstärkten Matrix. Dieser Effekt beruht vor allem auf dem plastischen Verformungsanteil, der während des Versuchs belasteten Einzeldrähte. Der theoretisch erwartete höhere Bruchanteil der Grenzflächendelamination durch eine duktile Grenzfläche konnte leider nicht nachgewiesen werden. Dies ist vorrangig auf die sehr poröse Matrix der Warmkammerproben zurückzuführen, wodurch die plastische Verformung der Drahtverstärkung, die aufgrund von Gussporosität stattgefundene Querschnittsschwächung der Matrix mehr als kompensieren konnte.

Im Gegensatz dazu zeigten Verbundgussproben im Kaltkammer-Druckgussverfahren eine geringere Gussporosität. Ähnlich den Warmkammer-Druckgussproben konnte auch für diesen Verfahrensweg, aufgrund der kurzen Reaktionszeiten und des turbulenten Einspritzens der Schmelze, keine stoffliche Anbindung an die vorbehandelten Stahldrahtstrukturen festgestellt werden. Entsprechend der deutlich erhöhten Matrixfestigkeit, resultierend aus dem nahezu porenfreien Guss wurde durch die Drahtstruktureinlage in diesem Verfahren kein Verstärkungseffekt erzielt. Dafür stellte sich eine Absenkung der Brucharbeit um ca. 30 % durch eine Querschnittsschwächung, aufgrund einer nicht realisierten Verbundgrenzfläche ein. Dieses Ergebnis bestätigt jedoch ebenso die These, dass eine Verstärkungswirkung nur durch eine optimal ausgebildete Verbundgrenzfläche ermöglicht werden kann, da es sonst zu einer Materialschwächung kommt.

Als letztes untersuchtes Gussverfahren wurde der Kokillenguss mit deutlich höheren Prozess- und Reaktionszeiten zwischen Einlegeroberfläche und Gussmatrix in die Betrachtung einbezogen. Da, bedingt durch den steigenden Guss, eine geringe Gussporosität erzielt werden kann, konnte der Einfluss auf die Matrixschwächung sehr gering gehalten werden. Im Vergleich zur unverstärkten Matrix erzielten die drahtstrukturverstärkten Verbundgussproben einen Verstärkungseffekt von ca. 30 %, welcher ebenso auf die plastische Verformungsleistung des Drahtes zurückgeführt werden kann. Ein Einfluss der Beschichtung, konnte im Vergleich zu unbeschichteten Verstärkungsstrukturen, trotz der längeren Reaktionszeiten, nicht festgestellt werden. Erste Ergebnisse lassen jedoch darauf schließen, dass sich lokale stoffliche Verbindungszonen an den Grenzflächen bilden konnten, welche durch die langen Reaktionszeiten eher ein sprödes Bruchverhalten aufweisen. Dadurch kam es zwar zu keiner Matrixschwächung durch offen liegende Drahtoberflächen, jedoch ebenso wenig zu einer zusätzlichen Delaminationsarbeit beim Trennen der Grenzflächen.

Dies führt zu der Schlussfolgerung, dass die Drahtarmierung ohne stoffliche Anbindung an die Matrix nur den Anteil der plastischen Verformung einbringen kann. Der hierbei erzielte Verstärkungseffekt von ca. 30 %, bezogen auf die unverstärkte Matrix, deckt sich mit dem abgeschätzten Wert von ca. 20 % aus der theoretischen Vorbetrachtung (siehe Kapitel 3.4). Der zusätzliche Anteil von ca. 10 % kann durch Reibungseffekte während des Drahtauszuges und die Abweichung vom theoretisch ideal gestreckten Draht gut erklärt werden. Der Anteil der zusätzlich durch Grenzflächendelamination erbrachten Bruchabeit konnte innerhalb der Gussversuche nicht nachgewiesen werden. Bezogen auf den plastischen Verformungsanteil ist dieser nach der theoretischen Überlegung jedoch um ein Vielfaches höher (bei einen plastischen Verformungsanteil der Drähte von ca. 1 J um etwa den Faktor 20; siehe Kapitel 3.4, Tabelle 3.4) und zeigt so das noch offene Potential dieser Verbundwerkstoffe.

Der daraus resultierende Verstärkungseffekt auf die Gussmatrix, in Abhängigkeit von deren Gussqualität, kann somit einen bis zu vierfachen Wert in Bezug zur unverstärkten Matrix erzielen. Mit steigender Gussqualität und damit auch erhöhter Bruchabeit der Gussmatrix relativiert sich dieser Effekt und führt somit zu einer entsprechend geringeren Verstärkung. Für den betrachteten porenfreien Kokillenguss kann aus der theoretischen Betrachtung bei optimaler stofflichen Anbindung der Drähte an die AZ91 Gussmatrix eine Bruchabeit von ca. 30 J abgeschätzt werden. Im Vergleich zu der innerhalb dieser Arbeit realisierten Verstärkung entspricht dies nochmals einem Zuwachs um den Faktor zwei. Im Gegensatz dazu sei erwähnt, dass sich eine ungenügende bzw. nicht vorhandene Anbindung der Verstärkungsstruktur an die Matrix, besonders für Gussmatrizes hoher Qualität (geringere Porosität, hohe Bruchabeit), als Fehlstellen auswirken und damit die Zähigkeit bzw. Bruchabeit der Gussmatrix deutlich verringern.

Ein durchgeführter Stichversuch im Kokillenguss mit Versuchsproben mit einer Lochblechverstärkung erzielte im unbeschichteten Zustand sogar einen Verstärkungseffekt von 260 % in Bezug zur unverstärkten Matrix. Dies Effekt ist vorrangig durch die starke Verklammerung der umgossenen Hinterschnitte (Stanzlöcher) zu erklären. Auch hier sei auf das hohe Potential derartiger alternativer Verstärkungsstrukturen im Guss hingewiesen, deren Verstärkungspotential durch eine entsprechend gut ausgebildete Verbundgrenzfläche ebenso erhöht werden kann.

Tabelle 5.2 zeigt eine Zusammenfassung der gewonnenen Erkenntnisse in Hinblick auf die innerhalb der Arbeit untersuchten Gussverfahren und die damit erzielten Verbundgusseigenschaften. Abbildung 5.53 gibt zusätzlich eine Übersicht der für den Verbundguss wichtigsten Einflussfaktoren mit Wichtung und Angabe der positiven sowie negativen Konsequenzen für die Gussqualität wieder. Diese Übersicht soll als Grundlage für weitere Arbeiten auf diesem Gebiet dienen.

Tab. 5.2: Zusammenfassung eigener Erkenntnisse zu Gussverfahren und Eigenschaftsbeziehung beim Verbundguss (Legende: + = akzeptabel; ++ = gut; +++ = hervorragend ; - = tolerierbar, – nicht tolerierbar; [1: unter Schutzgas, steigender Guss; 2: ohne Formraumevakuierung; 3: mit Formraumevakuierung]

Gussverfahren vs. Eigenschaften	Kokille[1]	Warmkammer[2]	Kaltkammer[3]
Gasporosität	+	–	+++
Formschluss nach Guss	+-	-	++
Stoffschluss nach Guss	+-	–	-
Reaktionszeit Grenzfläche	+++	–	–
Wärmebehandlung	k.A.	–	++
Brucharbeit Verbundguss	++	-	+
Einlegeteil Handling	+	++	++
Prozesszeit	-	+++	+++
Prozesskosten	-	+++	+++

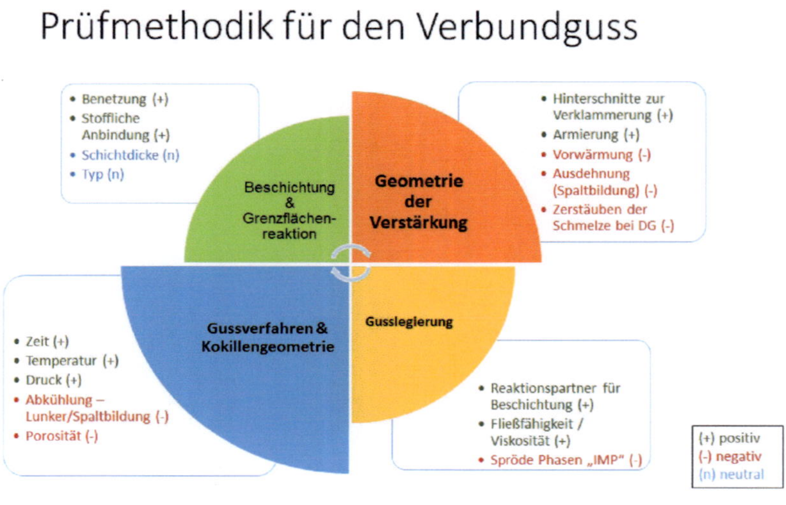

Abb. 5.53: Prüfmethodik zur Versuchsvorbereitung für den Verbundguss

Eine aus den gesammelten Erkenntnissen abgeleitete Design-Empfehlung für Verbundgussteile kann somit wie folgt formuliert werden:

Für den Verbundguss sollte als Einleger, wenn möglich eine hinterschnittene Struktur mit einer metallisch gut benetzenden Beschichtung umgossen werden. Die Beschichtung ist vor allem dann notwendig, wenn keine bzw. eine schlechte Benetzung der Verbundpartner vorliegt, wie z.B. im hier betrachteten System Stahl-Magnesium. Die Beschichtung sollte eine Schichtdicke aufweisen, die dem Umgussprozess standhält und eine optimal haftende Reaktionsschicht mit den Legierungselementen der Schmelze bildet und keine bzw. eine unkritische Menge an Sprödphasen hervorbringt. Als Richtwert kann für weniger turbulente Formfüllungen eine Schichtdicke von etwa 5 µm genannt werden. Für Leichtmetalllegierungen aus Magnesium und Aluminium können als Beschichtungen unter anderem Kupfer oder Nickelschichten sowie gut benetzende Verbundbeschichtungen aus Kupfer, Zinn und Zink (z.B. Miralloy®) verwendet werden. Zur Einstellung einer möglichst hohen Verbundzähigkeit ist die Kombination einer duktilen Gussmatrix mit einer zäheren Verstärkungsphase, verbunden mit einer Grenzflächenscherfestigkeit der Verbundgrenzschicht nahe unterhalb der Matrixscherfestigkeit, als zielführend zu betrachten.

Das gewählte Gussverfahren sollte die dazu notwendigen Rahmenbedingungen in Bezug auf Reaktionszeit, Druck und Temperatur sowie Gussporosität erfüllen und gleichzeitig ein Vorwärmen der Einlegestrukturen ermöglichen. Die zu verwendende Kokille sollte dabei so ausgelegt werden, dass sich Materialschrumpf und dadurch entstehende Porosität nicht an Verbundgrenzflächen ausbildet, sondern in unkritische Bauteilsektionen verlagert werden kann.

Am Ende der Betrachtungen sei erwähnt, dass die hier zur Untersuchung verwendeten neuartigen zellularen 3D Drahtstrukturen sich durch ihre offene Zellstruktur sehr gut für die Infiltration eignen, eine symmetrische und damit berechenbare Geometrie besitzen sowie durch die Möglichkeit der Kombination verschiedener Drahtwerkstoffe ein hohes Anwendungspotential aufzeigen. Die gewonnenen Erkenntnisse zum Verbundguss behalten jedoch auch für die Übertragung auf alternative Verstärkungsstrukturen ihre Gültigkeit.

A Zusammenfassung und Ausblick

Neben der Entwicklung und Charakterisierung von 3D Drahtstrukturen auf Basis von Strucwire-Strukturen und einer an der Technischen Universität Dresden entwickelten textilbasierten Variante, der 3DWT-Struktur (3D wire textile), wurde in dieser Arbeit der Verbundguss zwischen offenzelliger Stahldrahtstruktur und der Magnesiumdruckgusslegierung AZ91 zum Zwecke der Gussteilverstärkung untersucht und beschrieben. Im Fokus dieser Arbeit standen der Stoffschluss und die dafür notwendigen Grenzflächenreaktionen. Als Grundlagenversuch diente ein Kokillengussversuch mit beschichteten Stahlstangen. Zur Abschätzung des möglichen Verstärkungseffektes drahtstrukturverstärkter Magnesiumverbundgussteile erfolgte im Vorfeld eine theoretische Betrachtung (siehe Kapitel 3.4).

Um die stofflichen Reaktionen an der Grenzfläche der Modellgussproben zu untersuchen, wurden Gusstemperatur, Beschichtungen und Schichtdicke in für den Druckguss relevantem Maße variiert. Als Beschichtungen wurden vorrangig galvanisch aufgebrachte Schichten betrachtet. Zur Einschätzung der Grenzflächenfestigkeit als Maß für die stoffliche Anbindung der Verbundgusspartner diente ein Ausdrückversuch an Scheibenproben, die aus den Modellgussproben herauspräpariert wurden. Neben unterschiedlichen Grenzflächenreaktionen und der Detektion von teils unbekannten Phasen konnte häufig eine deutliche Erhöhung der gemessenen Grenzflächenscherfestigkeit, für vernickelte Proben teilweise sogar um das 4-fache, festgestellt werden.

Entsprechend beschichtete Drahtstrukturen wurden daraufhin im Warmkammer- und Kaltkammer-Druckgussverfahren sowie im Kokillengussverfahren mit der Magnesiumleichtmetallschmelze AZ91 umgossen und die jeweiligen Verbundgussproben mittels eines Schlagpendelversuchs auf ihre Brucharbeit untersucht. Im letzten Fall wurden zu Vergleichszwecken auch alternative Stahleinleger in Form von Lochblechen und Streckgittern verwendet.

Als Ergebnis der Betrachtungen konnten in den Modellversuchen Grenzflächenscherfestigkeiten von 80 MPa, was in etwa 50 % der theoretisch möglichen Matrixfestigkeit entspricht, erzielt werden. Dem gegenüber wurde innerhalb der Versuchsreihen zum Einguss beschichteter Drahtstrukturen, trotz der Verwendung unterschiedlicher Gussverfahren, vorrangig nur der Effekt der plastischen Drahtdeformation an der Gesamtbrucharbeit festgestellt. Der erwartete weitaus höhere Verstärkungseffekt durch eine gut ausgeprägte stoffliche Grenzschicht zwischen den Verbundpartnern konnte nicht nachgewiesen werden. Ursachen hierfür waren zum einen die im Druckgussverfahren zu geringe Reaktionszeit bis zur Erstarrung der Schmelze von nur wenigen Millisekunden sowie eine ungenügende Anbindungsqualität innerhalb der durchgeführten Kokillengussversuche durch eine teilweise zu starke Reaktion zwischen Beschichtung und Gussmatrix (Sprödphasenbildung), bedingt durch die prozesstechnisch langen Reaktionszeiten von mehreren Minuten.

Gelänge es somit die aus den Modellversuchen erbrachten Grenzflächenscherfestigkeiten auf das System der umgossenen Drahtstrukturen zu übertragen und eine Grenzflächenscherfestigkeit in Höhe von ca. 50 % der Matrixscherfestigkeit zu realisieren, würde eine deutliche Steigerung der Bruchfestigkeit des Verbundgussteils bezogen auf die Ausgangsmatrix, um mindestens den Faktor zwei zu erwarten sein.

An dieser Stelle soll ein Ausblick mit Empfehlungen für weitere Forschungsaktivitäten gegeben werden. Zum einen wäre die detailierte Untersuchung der im Kokillenguss entstehenden Reaktionsprodukte (Verdacht auf starke Sprödphasenbildung) zwischen Gusslegierung und der aufgebrachten Beschichtung ein wichtiger Schritt, um die innerhalb dieser Arbeit erzielten geringen Festigkeiten der Verbundgussproben weiter aufzuklären. Zum anderen ist die Weiterführung der Untersuchungen mit dem Niederdruckgussverfahren als Untersuchungsschwerpunkt ein wichtiger Schritt, um die ablaufenden Grenzflächenreaktionen weiter zu optimieren. Der Niederdruckgussprozess stellt eine ebenso sehr wirtschaftliche Gusstechnologie dar, welche ähnlich dem Druckguss eine Metallschmelze in einen Formraum drückt. Im Vergleich zum Druckguss geschieht dies jedoch mit weitaus geringerem Druck. Ebenso bietet das Verfahren ein größeres Potential für Grenzflächenreaktionen, da die Formfüllzeiten bei einigen Sekunden liegen und damit ein Prozessfenster zwischen dem Druckguss und dem konventionellem Kokillenguss bietet. Neben diesen Überlegungen ist die Einbeziehung einer nachträglichen Wärmebehandlung zur Ausbildung einer ausreichend stabilen Grenzschicht durch ein Tempern als eine zusätzliche Möglichekit zu nennen. Des Weiteren ist das Einbringen von Edelstahlstrukturen mit einer im Vergleich zu unlegiertem Stahl deutlich erhöhten Bruchdehnung ein weiterer Schritt die Bruchzähigkeit des Verbundgussteils zu optimieren.

Durch die kommerzielle Verfügbarkeit sowie das gute Handling der Drahtstrukturen lässt sich ein serientauglicher als auch automatisierter Herstellungprozess für derartige Verbundgusstrukturen vorstellen. Mögliche Anwendungsbeispiele könnten zum einen die Erhöhung der Brucharbeit in sicherheitsrelevanten Bauteilen, wie z.B. Sicherheitsschuhkappen aus Magnesium, darstellen sowie die Erhöhung der Warmfestigkeit von thermisch hochbelasten Bereichen von Aluminiumzylinderköpfen. Hierbei liegt der Vorteil vor allem in der lokalen Verstärkung von Bauteilen durch das Einbringen derartiger Verstärkungselemente, wodurch sich der geringe Massenzuwachs durch die Verstärkungsstruktur bezogen auf das entsprechende Bauteil nochmals relativiert. Ebenso können diese Verstärkungen dazu verwendet werden die Kriechbeständigkeit, besonders bei Magnesiumlegierungen, zu verbesseren. Es sei noch erwähnt, dass auf Basis der Erkenntnisse dieser Arbeit eine Weiterentwicklung des am Projektende entstandenen Demonstrators durch den Forschungspartner Magnetech GmbH durchgeführt werden konnte, welcher in einer Prototypenserie als Sicherheitsschuhkappe im Magnesium-Warmkammerprozess erfolgreich vom TÜV geprüft wurde. Des Weiteren ist davon auszugehen, dass sich die gewonnenen Erkenntnisse zur Grenzflächenreaktion sowie zum Verstärkungsmechanismus zum großen Teil auf den Verbundguss mit Aluminiumlegierungen übertragen lassen, da vor allem der Aluminiumanteil in der AZ91 Magnesiumlegierung maßgeblich für die Bildung der stofflichen Reaktionsschichten beteiligt war.

Ein weiterer Ausblick dieser Arbeit richtet sich an die in Abschnitt 3.3 vorgestellten 3D-Draht-Kohlestofffaser-Hybridgewebe, welche innerhalb der hier vorliegenden Arbeit zusammen mit weiteren Forschungspartnern entwickelt wurden. Diese speziellen Halbzeuge bieten den Vorteil, dass sie die für die Steifigkeitserhöhung der Gussmatrix integrierten Kohlenstofffasern direkt in Nähe der Bauteildeckschichten positionieren können ohne von der Schmelze „weggespült“ zu werden und somit besonders für den Druckguss geeignet sind. Ebenso ermöglicht die offene Drahtstruktur eine allseitige Infiltration mit Metallschmelze ohne einen größeren Gegendruck zu erzeugen. Der größte Vorteil liegt jedoch in der Positionierung des Hybridgewebes während des Druckgussprozesses, was durch die biegesteife Gewebestruktur sichergestellt wird. Die Drähte geben dem Gewebe die nötige Stabilität und Steifigkeit und erlauben ebenso eine gewisse Vorprofilierung, z.B. durch einen vorgeschalteten Tiefzieh- oder Biegeprozess. Da vor allem der sehr wirtschaftliche Druckgussprozess für die Herstellung derartiger Verbundgussbauteile in Frage kommt, stellt die Entwicklung einer geeigneten Faserbeschichtung für die prozessbedingten kurzen Reaktionszeiten einen weiteren Entwicklungsschwerpunkt dar.

B Anhang

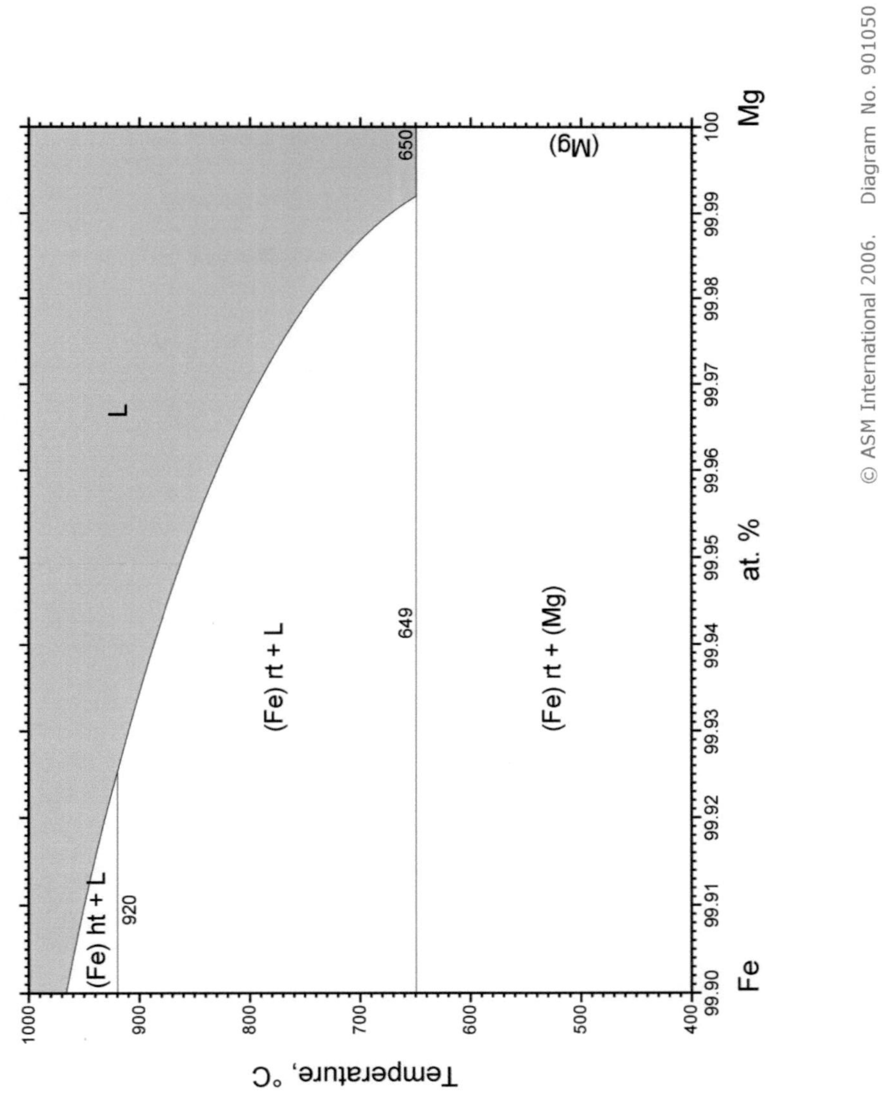

Abb. B.1: Magnesium-Eisen Zustandsdiagramm [1, 72]

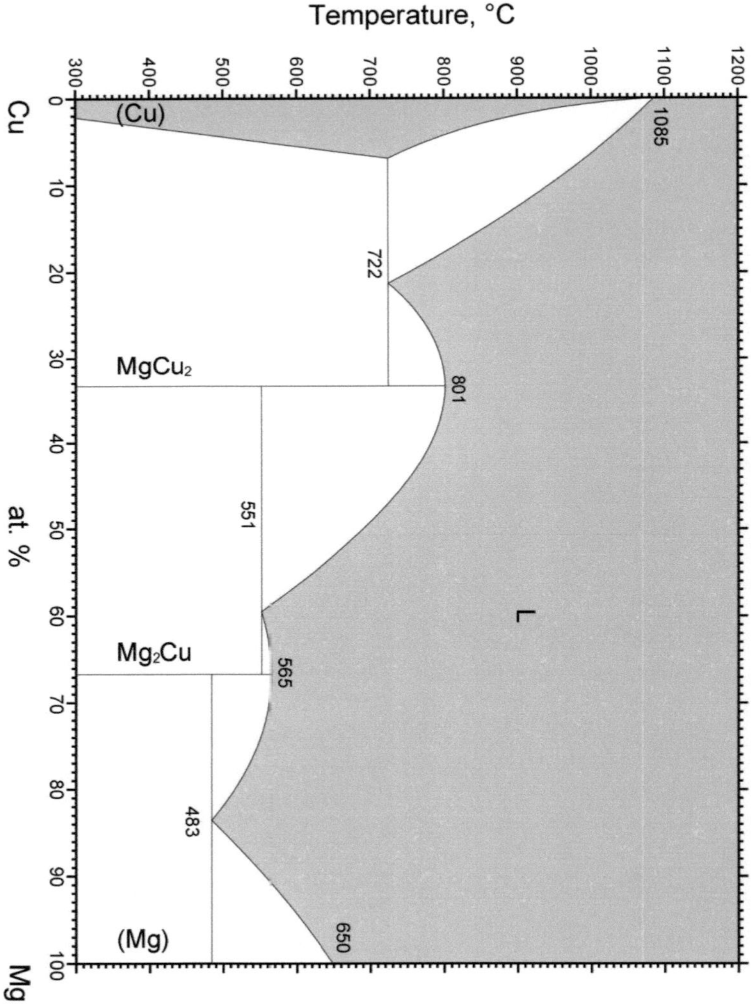

Abb. B.2: Magnesium-Kupfer Zustandsdiagramm [1, 69]

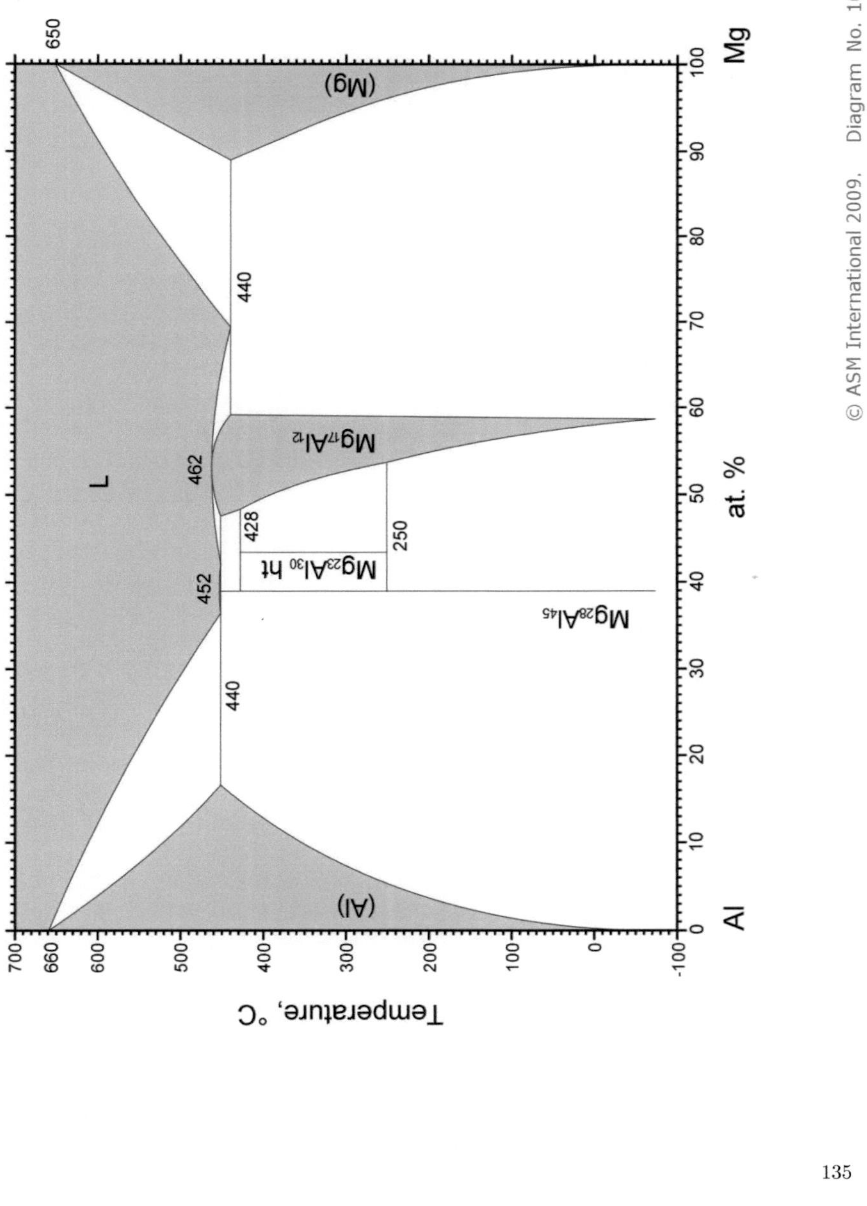

Abb. B.3: Magnesium-Aluminium Zustandsdiagramm [1, 93]

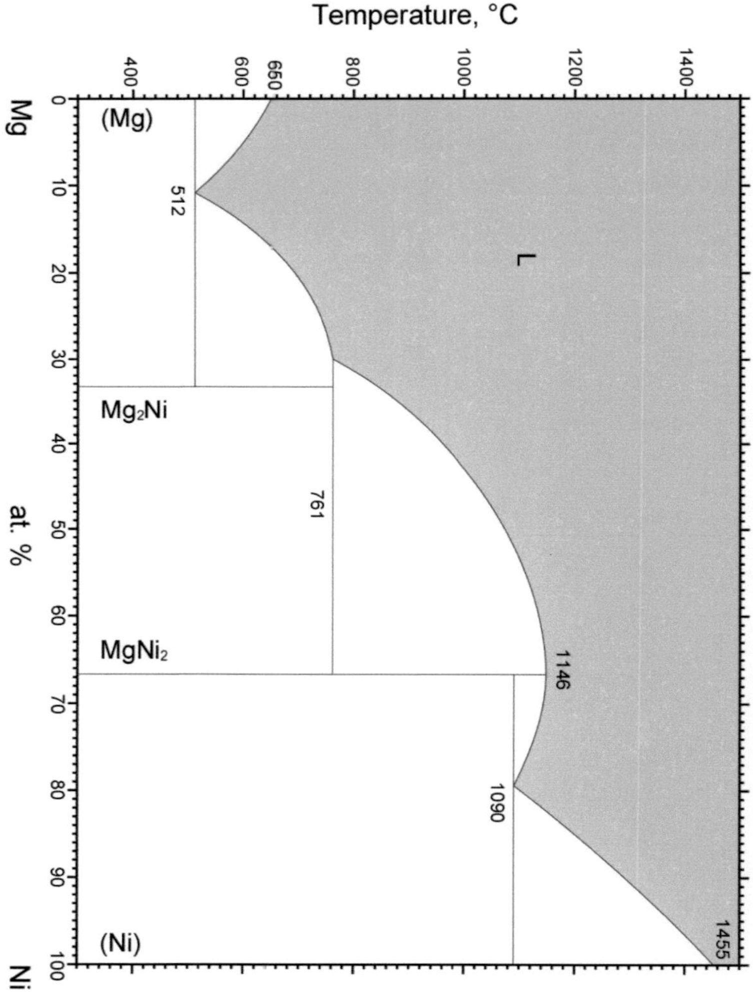

Abb. B.4: Magnesium-Nickel Zustandsdiagramm [1, 69]

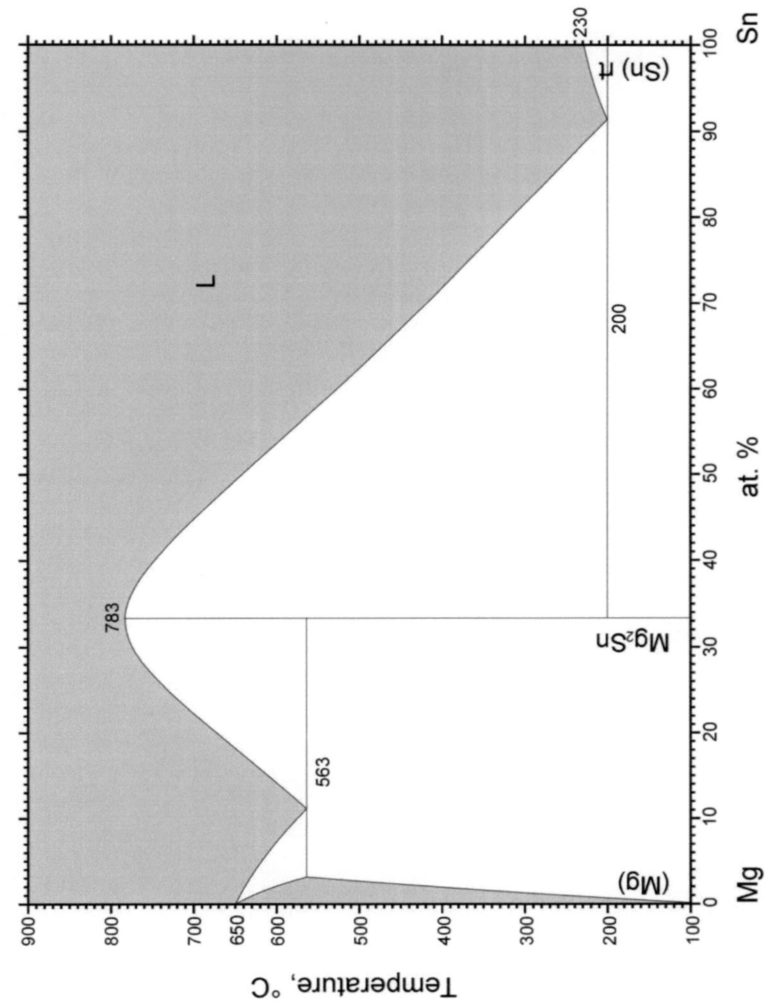

Abb. B.5: Magnesium-Zinn Zustandsdiagramm [1, 39]

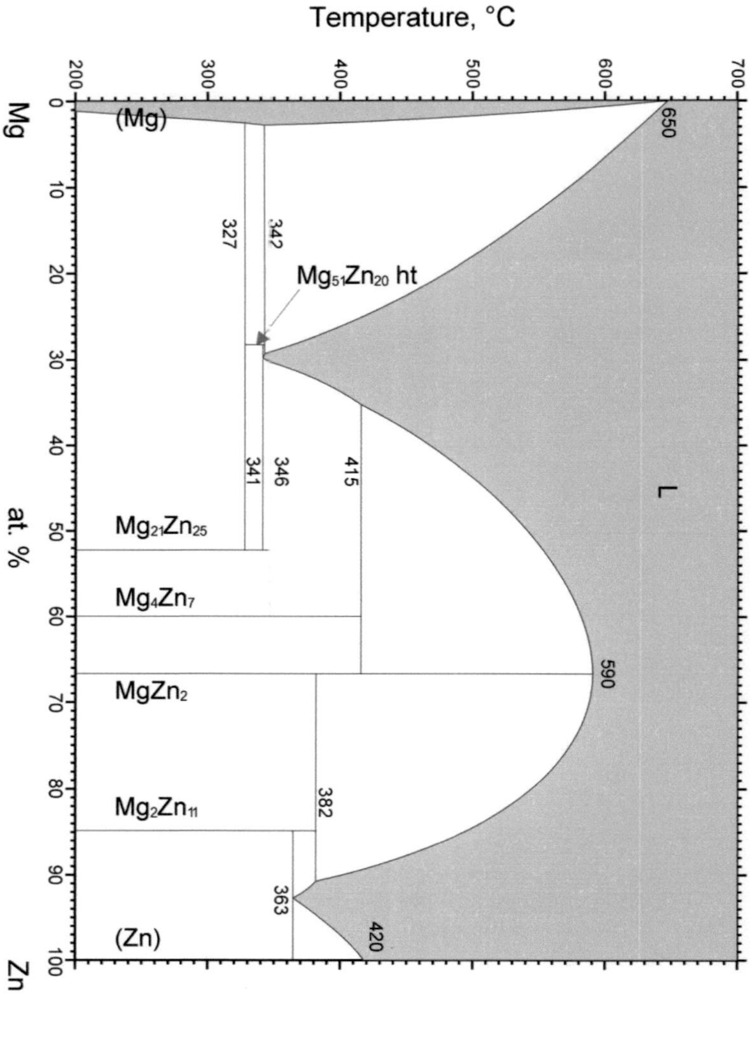

Abb. B.6: Magnesium-Zink Zustandsdiagramm [1, 69]

Literaturverzeichnis

[1] *ASM Alloy Phase Diagram Database.* www.asminternational.org. – Stand 02.05.2013

[2] *Center of Competence for Casting and Thixoforging, Universität Stuttgart.* www.cct-bw.de. – Stand 30.04.2014

[3] *DIN EN ISO 14577-1, Instrumentierte Eindringprüfung zur Bestimmung der Härte und anderer Werkstoffparameter*

[4] *Institut Feuerverzinken GmbH.* www feuerverzinken.com. – Stand 03.12.2013

[5] *Institut für Leichtbau und Kunststofftechnik (ILK-TU Dresden), Stand 30.11.2013*

[6] *Institut für Textilmaschinen und textile Hochleistungswerkstofftechnik (ITM-TUD), Stand 01.12.2013*

[7] *Kieselstein International GmbH (früher KIESELSTEIN GROUP), Stand 20.04.2014*

[8] *Oskar Frech GmbH + Co. KG.* www.frech.com. – Stand 23.07.2014

[9] *Tower Automotive Holding GmbH.* www.variostruct.de. – Stand 04.06.2013

[10] *Umicore Electroplating.* www.umicore.de. – Stand 21.01.2014

[11] *Vortrag: Magnesium-Aluminium-Verbundkurbelgehäuse. Einsatz von Neutronen in der Bauteilentwicklung. BMW. Werk Landshut., BMW AG, Garching, 2006*

[12] *Werksnorm strucwire, Fassung 2 vom 15.10.2013, Kieselstein International GmbH*

[13] *National Engineering Research Center for Magnesium Alloys.* http://ccmg.cqu.edu.cn/. Version: 2008

[14] Akdemira, A. ; Kus, R. ; Simsirc, M.: Impact toughness and microstructure of continuous steel wire-reinforced cast iron composite. In: *Materials Science and Engineering A* 519 (2009), S. 119–125

[15] ANDREAS STIHL AG & Co. KG (Hrsg.): *Magnesium Druckguss - Werkstoff und Eigenschaften.* Andreas-Stihl-Straße, 54595 Prüm-Weinsheim: ANDREAS STIHL AG & Co. KG, August 2013. www.stihl.de

[16] Ashby, M. F.: *Materials Selection in Mechanical Design.* Pergamon Press, Oxford, 1992

[17] Ballmes, H. ; Rottmair, C. A. ; Singer, R. F.: Herstellung von Kohlenstofflangfaser-Aluminiumverbunden im Druckguss. In: *17. Symposium Verbundwerkstoffe und Werkstoffverbunde*, 2009

[18] Beck, A.: *Magnesium und seine Legierungen.* Springer-Verlag Berlin Heidelberg, 2001

[19] Beffort, O.: Hochbelastete Bauteile aus MMC leben länger. In: *Konstruktion Werkstoffe - Das Industrie Magazin* 51/52 (2001), S. 48–49

[20] BEFFORT, O.: Metallmatrix-Verbundwerkstoffe: Eigenschaften, Anwendungen und Bearbeitung. In: *Feinstbearbeitung technischer Oberflächen - 6. Internationales IWF-Kolloquium 18./19. April 2002; Egerkingen, Schweiz (O. Beffort, EMPA-Thun)*, 2002

[21] BÖHM, R. ; WECK, D. ; KAINA, S. ; GRUHL, A. ; THIEME, M. ; SENNEWALD, C. ; HOFFMANN, G. ; STEPHANI, G. ; ANDERSEN, O. ; CHERIF, Ch. ; HUFENBACH, W. ; KIEBACK, B.: Textile based metal sandwiches and metal-matrix-composites reinforced with 3d wire structures. part II: material characterisation. In: *ECCM15 - 15th European Conference on Composite Materials*, 2012

[22] BÜHRIG-POLACZEK, A. ; RÖTH, T.: Hybride Leichtbaustrukturen in Stahlblech-Leichtmetall Verbundguss. In: *15. Europäische Automobil-Leichtbaukonferenz-Bad Neunheim*, 2006

[23] BLACK, J. A.: In: *Advanced Materials & Processes* 133 (1988), 51–54 S.

[24] *Kapitel* Precipitates of Gamma-Mg17Al12 Phase in Mg-Al Alloys. In: BRASZCZYÑSKA-MALIK, K.: *Magnesium Alloys - Design, Processing and Properties*. InTech, 2011, S. 95–112. – ISBN 978-953-307-520-4

[25] BRIITSCH, E. ; DRECHSLER, K. ; RISTOW, L. ; SCHAFER, H.: *Patent: Verbundmaterial und Verfahren zur Herstellung von Verbundmaterial*. 2004

[26] BRINKSCHRÖDER, H. ; FÜLLER, K.-H. ; FUSSNEGGER, W. ; HAUG, T. ; SCHEYDECKER, M. ; TSCHIRGE, T. ; WEISSKOPF, K-L.: *Patent: Verstärktes Strukturelement*. 2002

[27] CHAWLA, N. ; CHAWLA, K. K.: *Metal matrix composites*. Springer, 2006

[28] *Kapitel* Microstructure and properties of wrought Mg alloys. In: CLOSSET, et. a. B. M. M. B. M.: *Magnesium Alloys and their applications*. Werkstoffinformationsgesellschaft, DGM Frankfurt, 1998, S. 195/208

[29] In: DEGISCHER, H.P: *Metallurgical Verbundwerkstoffe*. DGM, Oberursel, 1994, S. 129–168

[30] DEGISCHER, H.P.: Innovative light metals: metal matrix composites and foamed aluminium. In: *Material & Design* 18 (1997), S. 221–226

[31] *Kapitel* Interfaces in Metal Matrix Composites. In: EBERT, L.J. ; WRIGHT, P.K.: *Mechanical Aspects of the Interface*. Academic Press, New York, 1974, S. S.31

[32] ELTHALABAWY, Waled ; KHAN, Tahir: Liquid Phase Bonding of 316L Stainless Steel to AZ31 Magnesium Alloy. In: *J. Mater. Sci. Technol.* 27 (2011), S. 22–28

[33] ERDMANN, P.: *Untersuchung des elastischen Verformungsverhaltens einer innenbelüfteten Bremsscheibe mit 3D-Drahtstruktur als Kühlrippenstruktur, mittels FEM.*, IFAM Dresden / Hochschule für angewandte Wissenschaften Würzburg-Schweinfurt, Diplomarbeit, 2014

[34] FISCHERSWORRING-BUNK, A. ; LANDERL, C. ; FENT, A. ; WOLF, J.: The New BMW Inline Six-cylinder Composite Mg/Al Crankcase. In: *Annual World Magnesium Conference*, 2005, S. S. 49–59

[35] GRÜNLING, H. ; RÖSLER, U.: *Patent: Verfahren zur Herstellung von Halbzeugen und Formteilen aus faserverbundwerkstofffen*. 1972

[36] HANUMANTH, G. S. ; IRONS, G. A.: Particle incorporation by melt stirring for the production of metal-matrix composites. In: *Journal of Materials Science* 28 (1993), S. 2459–2465

[37] HUFENBACH, W. ; ANDRICH, M. ; LANGKAMP, A. ; CZULAK, A.: Fabrication technology and material characterization of carbon fibre reinforced magnesium. In: *Materials Processing Technology* 175 (2006), S. 218–224

[38] ITO, T. ; TAKIKITA, T.: Porenfreier Magnesium-Druckguß. In: *Giesserei-Praxis* 11/12 (1991), S. 200–202

[39] JUNG, I.H. ; KANG, D.H. ; PARK, W.J. ; KIM, N.J. ; AHN, S.H.: Applications of thermodynamic calculations to mg alloy design: Mg-Sn based alloy development. In: *International Journal of Materials Research* 98 (2007), S. 807–815

[40] KACHOLD, F. ; BALLMES, H. ; SINGER, R. F.: Herstellung von multidirektionalen kohlenstofflangfaser Aluminiumverbunden im Druckguss. In: *19. Symposium Verbundwerkstoffe und Werkstoffverbunde*, 2013

[41] KAINA, S. ; KIEBACK, B. ; HUFENBACH, W. ; GOTTWALD, R. ; WECK, D. ; KIESELSTEIN, E. ; STUDNITZKY, T. ; STEPHANI, G.: Joining technologies and mechanical properties for a new kind of 3d wire structures. In: *CellMat2010*, 2010

[42] KAINA, S. ; KIEBACK, B. ; STEPHANI, G. ; BÖHM, R. ; CHERIF, Ch. ; KOWTSCH, C.: *Patent: Metallgussverbundbauteil.* 2012

[43] KAINA, S. ; WECK, D. ; GRUHL, A. ; BÖHM, R. ; THIEME, M. ; SENNEWALD, C. ; HOFFMANN, G. ; STEPHANI, G. ; ANDERSEN, O. ; CHERIF, Ch. ; HUFENBACH, W. ; KIEBACK, B.: Textile based metal sandwiches and metal-matrix-composites reinforced with 3d wire structures part III: joining technology and interface modification for mmc. In: *ECCM15 - 15th European Conference on Composite Materials*, 2012

[44] KAINER, K.U.: *Keramische Partikel, Fasern und Kurzfasern für die Verstärkung von metallischen Werkstoffen. Metallische Verbundwerkstoffe.* DGM Informationsgesellschaft, Oberusel, 1994

[45] KAINER, K.U.: *Metallische Verbunderkstoffe.* WILEY-VCH Verlag GmbH & Co. KGaK, Weinheim, 2003

[46] KAMMER, C.: *Magnesium Taschenbuch.* Aluminium-Zentrale Düsseldorf, 2000

[47] KANANI, N.: Abscheidung von Metallen ohne äußere Stromquellen. In: *Technologie der Galvanotechnik* (1996)

[48] KANANI, N.: *Galvanotechnik - Grundlagen, Verfahren, Praxis.* Carl Hanser Verlag München Wien, 2000

[49] KANG, K.-J.: Wire-woven cellular metals: The present and future. In: *Progress in Material Science* 69 (2015), S. 1–95

[50] KAWAHARA ; SUZUKI ; SHIINA: *Patent: Casting method for composite member.* 1981

[51] KELLY, A.: *Strong Solids.* Oxford University Press, 1973

[52] KELLY, A. ; DAVIES, G. J.: The Principles of the Fibre Reinforcement of Metals. In: *Metallurgical Review 10* 10 (1965), S. 1–78

[53] KERBER, K.: *Verfahren zum Verbundguss der Leichtmetalle Aluminium und Magnesium durch den Druckguss*, Leibniz Universität Hannover, Diss., 2011

[54] KIESELSTEIN, E. ; WALTER, G. ; D., Weck ; R., Gottwald ; T., Studnitzky ; G., Stephani ; KAINA, S.: Abschlussbericht des SAB Projektes "3d Drahtstrukturen"/ Fraunhofer IFAM, Institutsteil Dresden; Institut für Leichtbau und Kunststofftechnik (TUD-ILK); Kieselstein International GmbH. 2011. – Forschungsbericht

[55] KIESELSTEIN, E. ; WEINRICH, T. ; ADAM, F. ; WECK, D. ; GOTTWALD, R. ; STUDNITZKY, T. ; STEPHANI, G.: Celluar metals based on 3d-wire strucutres. In: *Metfoam*, 2009

[56] KIESELSTEIN, E. ; WEINRICH, T. ; HUFENBACH, W. ; WECK, D. ; GOTTWALD, R. ; STEPHANI, G. ; KAINA, S. ; STUDNITZKY, T.: Cellular Metals Based on Wire Structures. In: *CellMat*, 2010

[57] KIESELSTEIN, S. ; WEINRICH, T.: *Patent: Dreidimensionale Drahtstrukturen in Leichtbauweise und Verfahren zu deren Herstellung.* 2008

[58] LAPPAN, T.: *Literaturarbeit zum elastischen Verhalten zellularer metallischer Werkstoffe*, Fraunhofer IFAM-Dresden, Diplomarbeit, 2014

[59] LEE, B-K. ; JEON, I. ; KANG, K-J.: Compressive characteristics of wbk core depending upon the specimen size. In: *Journal of Mechanical Science and Technology* 23 (2009), S. 14–18

[60] LEE, B-K. ; KANG, K.-J.: High strength per weight cellular metals fabricated of wires. In: *Advanced Engineering Materials* 10 (2008), S. 835–839

[61] LEE, Y.-H. ; LEE, B.-K. ; JEON, I. ; KANG, K.-J.: Wire-woven bulk Kagome truss cores. In: *Acta Materialia* 55 (2007), S. 6084–6094

[62] LEHNERT, F. ; HONSBERG, W. ; EIGENFELD, K. ; KEIDIES, A.: *Gussbauteil aus einem Leichtmetallwerkstoff mit einer zur Steigerung der Dämpfung dienenden Giesseinlage*

[63] LIM, J.-H. ; JUNG, J.-G. ; LIM, J.-D. ; KANG, K.-J. ; NIHON, K.G.: New methods for fabricating truss periodic cellular metals using wires. In: *MetFoam 2005 Conference: Porous metals and metal foaming technology*, 2005, S. 387–392

[64] LIU, L. ; QI, X.: Strengthening effect of nickel and copper interlayers on hybrid laser-TIG welded joints between magnesium alloy and mild steel. In: *Materials and Design* 31 (2010), S. 3960–3963

[65] MAHENDRAN, G. ; BALASUBRAMANIAN, V. ; SENTHILVELAN, T.: Developing diffusion bonding windows for joining AZ31B magnesium and copper alloys. In: *International Journal of Advanced Manufactoring and Technology* 42 (2008), S. 689–695

[66] MARR, T. ; FREUDENBERGER, J. ; KAUFMANN, A. ; SCHARNWEBER, J. ; OERTEL, C.-G. ; SKROTZKI, W. ; SIEGEL, U. ; KÜHN, U. ; ECKERT, J. ; MARTIN, U. ; SCHULTZ, L.: Damascene Light-Weight Metals. In: *Advanced Engineering Materials* 12 (2010), S. 1191–1197

[67] *Kapitel* Magnesium-Based Alloys. In: MATUCHA, K.H.: *Structure and properties of nonferrous alloys.* VCH Weinheim, 1996, S. 115/212

[68] McDaniels, D.L. ; Jech, R. W. ; Weeton, J.W: Annalysis of Stress-Strain Behaviour of Tungsten-fiber-reinforced Copper Composites. In: *Trans. Metallurgical Soc. AIME 223* (1965), S. 636–642

[69] Miettinen, J.: Thermodynamic description of Cu-Mg-Ni and Cu-Mg-Zn systems. In: *CALPHAD: Comput. Coupling Phase Diagrams Thermochem.* Vol. 32 (2008), S. 389–398

[70] Miyamura ; Oota ; Oosugi: *Patent: Aluminum product by die casting.* 1978

[71] Moll, F. ; Kainer, K.U.: *Magnesium - Eigenschaften, Anwendungen, Potentiale.* Wiley-VCH, 2000

[72] Nayeb Hashemi, A.A. ; Clark, J.B. ; Swartzendruber, L.J.: Fe-Mg (Iron-Magnesium), Binary Alloy Phase Diagrams, II Ed. In: *Massalski, T.B.* 2 (1990), S. 1722–1723

[73] Nogowizin, B.: Porositäten in Druckgussteilen. In: *Druckguss Praxis* 5 (2004), S. 192–200

[74] Nowack, N. ; Oberschelp, C. ; Lao, B. ; Bühring-Polaczek, G. K. ; Röth, T.: Gute Perspektiven für Stahl-Aluminium Hybride im Automotivebereich. In: *Gießerei* 96 (2009), S. 110–122

[75] Pemberton, S.R. ; Oberg, E.K. ; Dean, J. ; Tsarouchas, D. ; Markaki, A.E. ; Marston, L. ; Clyne, T.W.: The fracture energy of metal fibre reininforced ceramic composites (MFCs). In: *Composites Science and Technology* 71 (2011), S. 266–275

[76] Queheillalt, D.T. ; Wadley, H.N.G: Pyramidal lattice truss structures with hollow trusses. In: *Materials Science and Engineering A397* 397 (2005), S. 132–137

[77] Rahm, J.: *Beitrag zur Herstellung langfaserverstärkter Aluminium-Matrix-Verbundwerkstoffe durch Anwendung der Prepregtechnik*, TU Chemnitz, Fakultät für Maschinenbau, Lehrstuhl für Verbundwerkstoffe, Diss., 2008

[78] Roller ; Baschin ; Buck ; Dobler ; Ludwig ; Mellert ; Pröm ; Reuter ; Rödter: *Fachkunde für gießereitechnische Berufe.* Verlag Europa-Lehrmittel, 2004

[79] Schapery, R.A.: In: *Journal of Composite Materials* 23 (1968), 380–404 S.

[80] Schindelbacher, G. ; Czikel, J. ; Nechelberger, E.: Aufteilung des Volumendefizites beim Druckgießen unter Verwendung von Vakuum. In: *Giesserei* 78 (1991), S. 685–690

[81] Schlichting, J. ; Elssner, G. ; Grünthaler, K. M.: *Verbundwerkstoffe, Grundlagen und Anwendungen.* Expert-Verlag, Rennigen, 1978

[82] In: Schröder, J.: *Partikelverstärkte Leichtmetall Verbundwerkstoffe.* Kainer, K.U., 1994, S. 193–217

[83] Sennewald, C. ; Kaina, S. ; Weck, D. ; Gruhl, A. ; Böhm, R. ; Thieme, M. ; Hoffmann, G. ; Stephani, G. ; Andersen, O. ; Cherif, Ch. ; Hufenbach, W. ; Kieback, B.: Textile based metal sandwiches and metal-matrix-composites reinforced with 3d wire structures: part I: development and realisation of cellular 3d wire structures. In: *ECCM15 - 15th European Conference on Composite Materials*, 2012

[84] SENNEWALD, C. ; KAINA, S. ; WECK, D. ; GRUHL, A. ; THIEME, M. ; HOFFMANN, G. ; STEPHANI, G. ; BÖHM, R. ; CHERIF, Ch. ; ANDERSEN, O. ; KIEBACK, B. ; HUFENBACH, W.: Metal Sandwiches and Metal-Matrix-Composites Based on 3D Woven Wire Structures for Hybrid Lightweight Construction. In: *Advanced Engineering Materials* 16 (2014), S. 1234–1242

[85] SONG, G. ; ATRENS, A. ; DARGUSCH, M.: Influence of microstructure on the corrosion of die cast AZ91D. In: *Corrosion Science* 41 (1999), S. 249–273

[86] STROPPE, H. ; VOVK, V. ; TARAN, V.: Method zur getrennten Bestimmung des Gasporen- und Lunkeranteils in Druckgussteilen. In: *Giessereiforschung* 52 (2000), S. 154–156

[87] TORUN, O. ; KARABULUT, A. ; BAKSAN, B. ; ÇELIKYÜREK, I.: Diffusion bonding of AZ91 using a silver interlayer. In: *Materials and Design* 29 (2008), S. 2043–2046

[88] WADLEY, H.N.G: Multifunctional periodic cellular metals. In: *Philosophical Transactions of the royal Society* 364 (2006), S. 31–68

[89] WEILER, J.P. ; WOOD, J.T. ; KLASSEN, R.J. ; MAIRE, E. ; BERKMORTEL, R. ; WANG, G.: Relationship between internal porosity and fracture stregth of die-cast magnesium AM60B alloy. In: *Materials Science and Engineering* 395 (2005), S. 315–322

[90] WHITFIELD, M.G.: *Patent: Verfahren zum Herstellen von gegossenen Leichtmetallkolben mit Verstärkung an der Kolbennut.* 1962

[91] WHITFIELD, M.G. ; SHESHUNOFF, V.: *Patent: Coating Metals.* 1941

[92] WOLF, J. ; FENT, A. ; DOERNENBURG, F. ; WAGENER, W.: *Patent: Verfahren zur Herstellung eines Leichtmetall-Verbundgussteils sowie Leichtmetall-Verbundbussteils.* 2003

[93] ZHONG, Y. ; YANG, M. ; LIU, Z.K.: Contribution of first-principles energetics to Al-Mg thermodynamic modeling. In: *CALPHAD: Comput. Coupling Phase Diagrams Thermochem.* 29 (2005), S. 303–311

Abbildungsverzeichnis

Tabellenverzeichnis